# 花生高产高效栽培新技术

高丁石　董县中　管云玲　张永刚　主编

中国农业科学技术出版社

**图书在版编目（CIP）数据**

花生高产高效栽培新技术 / 高丁石，董县中，管云玲，张永刚主编 . 北京：中国农业科学技术出版社，2012. 5

ISBN 978 - 7 - 5116 - 0846 - 8

Ⅰ. ①花… Ⅱ. ①高…②董…③管…④张… Ⅲ. ①花生 - 栽培技术 Ⅳ. ①S565. 2

中国版本图书馆 CIP 数据核字（2012）第 053708 号

**责任编辑** 徐 毅
**责任校对** 贾晓红

**出 版 者** 中国农业科学技术出版社
北京市中关村南大街 12 号 邮编：100081
**电　　话** (010)82106631(编辑室) (010)82109704(发行部)
(010)82109709(读者服务部)
**传　　真** (010)82106631
**网　　址** http://www. castp. cn
**经 销 者** 各地新华书店
**印 刷 者** 北京华正印刷有限公司
**开　　本** 850mm ×1 168mm 1/32
**印　　张** 6. 5
**字　　数** 175 千字
**版　　次** 2012 年 5 月第 1 版 2012 年 5 月第 1 次印刷
**定　　价** 15. 00 元

# 《花生高产高效栽培新技术》
## 编 委 会

主　　编：高丁石　董县中　管云玲　张永刚

副 主 编：（按姓氏笔画为序）

马宏燕　王利华　邢跃新　刘祥业
李永广　李志苹　赵　娜　金季英
屈　波　秦世伟　耿青芬　韩宏分
韩爱萄　谭淑娜　魏艳丽

编写人员：（按姓氏笔画为序）

马宏燕　王旭宁　王利华　王尚朵
申光华　司　明　邢跃新　刘祥业
杨芳芳　李永广　李志苹　李运英
李学乾　李晓霞　吴晶晶　张永刚
赵　娜　金季英　屈　波　秦世伟
耿青芬　高丁石　曹瑞丽　常红方
韩宏分　韩爱萄　董县中　管云玲
谭淑娜　魏艳丽

# 前　　言

花生原产于南美洲热带亚热带地区，是当地的一种古老作物，栽培历史悠久。目前，在地球上南纬40°至北纬40°的广大地区均有种植。除南极洲外，六大洲均有栽培，主要集中在亚、非、北美洲等位于热带、温带的几个国家，如印度、中国、美国等。我国种植花生始于6世纪初期或中期，最初主要集中在东南沿海，品种为龙生型；到18世纪末才有大果花生的记载。19世纪末我国的花生种植开始迅速发展，逐渐形成了几个重点产区。花生在长期的进化过程中，形成了多种类型。

花生是食用油的主要原料。花生仁加工用途广泛，其蔓是良好的牲畜饲料。该作物自身决定它投资少，效益高，是目前能大面积种植的单位面积农业生产效益较好的作物之一，也是主要经济作物之一，在国民经济中占有重要位置。花生作物耐旱、耐瘠，适应性广，抗逆能力强，生产生态效益均较好，有利于培肥地力，对提高农业生产效益，促进农业生产良性循环、发展绿色农业有着极其重要的作用。

随着城乡人民生活水平的不断提高，副食品精加工工业以及出口的需要，对花生及其产品的需求量将不断扩大，花生销售市场前景广阔。但是，市场对花生品质的要求越来越高，对品种的要求越来越专业化。目前，我国花生生产水平还较低，在数量和质量上都不能满足市场的需求。根据市场和生产的需要，我们组织编写了该书，旨在宣传普及花生高产高效栽培技术，为迅速提高花生生产水平，提高生产效益，促进农业生产良性循环发展，增加农民收入尽微薄之力。

本书的编写坚持基本理论和生产实践相结合的原则，在分析目前生产上存在的问题和采取对策的基础上，较系统地阐述了花生的生长发育规律以及对环境条件的要求，并根据最新科研成果和栽培实践经验，介绍了优良新品种特征特性、需肥规律与配方施肥技术、不同形式的高产栽培技术、集约化高效间套模式、良种快繁技术、病虫草鼠害综合防治技术以及绿色食品花生生产技术原则。本书内容通俗易懂，技术具体实用，生产可操作性较强，适宜于广大农民和基层农业科技人员阅读。

由于编者水平所限，书中难免有不当之处，敬请广大读者批评指正。

编　者

2012 年 5 月

# 目　录

# 第一章　花生生产的意义和目前生产上存在的问题及对策

## 一、花生在国民经济中的地位

花生是我国的主要油料作物，是油脂和副食工业的重要原料，也是一种重要出口物资，在国民经济中占有重要地位。在我国无论是种植面积和产量都超过其他油料作物，产量占油料作物总产的30%以上，已成为世界主产国之一，总产量列世界第一位，种植面积居世界第二位。全国除青海省、宁夏回族自治区以外，其他各省都有种植，已形成7大生产区和10个生产亚区，主要有山东、河南、广东、广西壮族自治区、河北、辽宁、四川、福建、江苏等省。由于花生仁含有丰富的脂肪、蛋白质和其他多种维生素，是食用油和其他多种营养食品的良好加工原料，其中脂肪含量高达48%～58%，且加工出油率高，油的品质好，气味清香，是广大人民所喜爱的优质食用油。在花生油中，不饱和脂肪酸占80%，饱和脂肪酸占20%，并含有其他营养物质，不饱和脂肪酸中主要是油酸和亚油酸，易被人体消化吸收，亚油酸能调节人体生理机能，具有降低胆固醇、降血压、促进消化等功能。花生营养丰富，据研究，叶片中含有“睡眠肽”之类的物质，对人有镇静安眠的作用。蛋白质含量为24%～36%，花生蛋白可消化率很高，其中，赖氨酸比大米、小麦、玉米主要粮食作物的高3～8倍，有效利用率达99.94%，它是一种完全蛋白质，营养价值不次于牛奶。榨油后的饼粕，约含蛋白质50%，脂肪 7%，碳水化合物 24%，纤维素 4%，不但是良好的有机肥料，也是营养丰富的优质饲料，用来养猪增重很快，还可加工成蛋白粉或蛋白肉等食品。

花生的茎叶和果皮，也含较丰富的营养物质。茎叶中含蛋白质 12% ~14%，并含有大量的碳水化合物，也是很好的饲料，1kg 干花生的茎叶，含可消化蛋白质 59.12g，高于豌豆、大豆、玉米等茎叶蛋白质的含量。一般每亩地（1 亩 =666.7m$^2$，下同）的花生果皮、茎叶、饼粕，可育肥 1 头 100kg 左右的肥猪。花生壳与花生秧还是良好的食用菌栽培料，种植食用菌增值效果显著，生物效率可达 200% 以上。另外，花生茎叶、种皮还具有较高的药用价值，如花生叶可治疗神经衰弱、高血压；花生仁和种皮的提取物可用于治疗出血症和防治血小板减少。

花生是我国重要的出口物资，是具有比较优势的大宗出口农产品（占世界贸易量的 48% 左右），特别是华北地区生产的大果花生，如河南省出口的徐州 68-4、豫花 19、濮花 16 和海花 1 号等品种，在国际市场上享有较高声誉，每年贸易量在 70 万 t 左右，贸易额达 5 亿多美元，为国家换取了大量外汇，促进了国民经济的发展。

花生作物适应性广，耐旱、耐瘠，抗逆能力强，生态效益好，对改变沙区面貌，提高沙区农业生产效益有较大的作用；在种植业结构调整中具有重要地位和特殊作用。花生作物自身能固氮肥田，降低生产成本，提高生产效益。一般亩产 250kg 的花生田，根瘤固定氮素 13 ~15kg，相当于 65 ~75kg 标准氮肥的含量，其中，2/3 供花生生长发育，1/3 遗留在土壤中，有利于培肥地力，并适于与其他作物间套轮作。

花生浑身是宝，其主、副产物都有较高的利用价值和广泛的用途，而且生产成本较低，生产效益较高，是目前可大面积种植的较好的经济作物。为从根本上解决长期市场食用油供应紧张问题作出了较大贡献，同时，为生产区农民增加了农业生产效益，在一定程度上促进了农业生产和农村经济的发展。但是花生与其他作物相比，生产水平差距还很大，目前，花生还大多种植在土壤比较瘠薄的地方，种植管理水平还不高，加上病虫、旱涝灾害威胁较大，从整体上看产量水平还较低，地区间和地块间生产水平差别很大，大多数地块存在着较大的增产潜力。花生虽属 $C_3$ 植物，但其光合潜能相当高，根据报道，在气温 25℃，$CO_2$ 浓度 300ml/L，光强 10.3 万 lx 条件下，4 周龄的植株净光合强度为 $43mgCO_2/dm^2$ 与某些 $C_4$ 植物接近，并且其经济系数较高，有时可超过 0.6，目前，已出现了 500kg/亩的高产田块；另据小面积试验，花生最高单产可达到 795.6kg/亩；单株产量最高可达到 0.93kg；结果数达到 661 个。所以，进行花生高产开发前景广阔。

## 二、目前生产中存在的问题

目前，我国城乡年人均食用油已达 20kg，消费量增加很快，油料自给率已降至 40% 左右，比国际公认的 60% 警戒线还低 20 个百分点。一方面，随着人们生活水平的不断提高和产品精加工以及出口业的不断发展，年人均食用油的消费量还将继续增加，预计到 2020 年全国食用油消费需求将达到 3 200万 t，食用植物油目前和将来的缺口很大，花生作物有良好的发展前景；另一方面，在一些花生生产区人多地少，农业资源紧缺，不能继续扩大种植面积，甚至以粮挤油，发展花生生产只能走稳定面积，依靠科技进步，高产开发，提高单产，提高生产效益之路，实现大面积均衡增产。根据近些年的生产实践调查，我们认为，当前花生生产存在以下几个关键问题。

### （一）对花生生产的重要性认识不足

目前，花生中低产面积在60%以上，在一些地方部分干部群众认为花生是低产作物，大多种植在低产瘠薄地上，认识不到花生在生态环境中的良性循环作用、养地作用，生产投入较少，管理粗放，掠夺性经营制约着花生生产水平的提高。

### （二）新成果新技术转化量低

一是技术集成水平不高，对新成果和新技术，多是垄断应用，存在单打独斗现象，没有通过有机集成后应用于生产，不能有效转化为生产力，影响了生产水平的提高。二是良种良法不配套，优质产品形不成规模，产品质量效益较低。优良新品种更新推广速度较慢，甚至生产用种混杂退化严重，种子的增产内因没有得到很好发挥。一方面，由于花生用种量较多，更换成本较高，加上多数农户对优良品种增产作用认识不足，更换积极性不高，有些农户换一次品种能连续用7～8年甚至更长时间，个别地方常年的农家品种还在种；另一方面，种子繁育销售部门经营花生种子风险较大，种子计划繁育量较小，也是花生作物优良新品种更换较慢的原因。优良品种的推广缓慢和生产用种的混杂退化在一定程度上影响了花生生产水平的提高。

### （三）栽培技术需进一步优化

1. 在一些花生生产产区，夏播面积较大，生育期相对较短，麦收后由于农活忙等原因，田间管理不及时，影响早发，造成减产。随着小麦产量的不断提高，对花生的影响在逐渐加大。

2. 中高产地块种植结构不合理，单位面积内穴数少，穴内株数多，株间矛盾较大，争光争肥，影响产量。

3. 肥水运用不科学，在施肥上重氮肥而轻磷、钙、微肥的使用，大多数地块没有按生长发育规律需要配合施肥。在灌水上只浇抗旱保命水，不浇丰产水。

4. 花生重茬面积增多，土壤肥力下降，加上病、虫、草、鼠害等问题趋于严重，使生产能力降低，造成不同程度的减产。

**（四）机械化生产进程缓慢**

与粮食生产相比花生生产的机械化水平偏低，人工投入成本高，不能适应现代化农业的发展要求。随着农村城镇化水平提高和农民外出务工的增加，土地流转、规模化经营已成为必然趋势，更需要高效率的机械化，简化技术替代繁重的人工劳动。同时，花生生产机械与种植方式不能完全匹配，还缺乏与机械化相配套的规范化栽培技术体系，农机农艺有待于进一步有机结合。

**（五）产品综合利用水平低，加工业发展相对滞后**

在产后加工增值和流通方面也还存在一些问题。一是市场体制不健全，市场价格起伏性较大，在一定程度上影响了生产积极性；二是产后绝大多数是出售原始产品，深加工增值较少，生产总体效益较低，缺乏生产开发后劲。同时，缺乏高端精品，对整个产业链缺乏拉动作用。

**（六）花生产品食用安全存在隐患**

农药、化肥残留、黄曲霉素污染、重金属污染问题是当前和未来影响花生国际竞争力的最大隐患。目前，还缺乏有效的质量安全控制技术。

## 三、发展思路与对策

针对以上问题，生产上要迅速扭转部分农民存在的花生是低产作物的观念，加强花生作物在人民生活中不可缺少的重要作用和农业生态环境中养地作用的宣传，积极引导农民科学地增加物质投入，改变粗放管理的种植方式，狠抓综合性关键增产技术的落实，如选用优良品种、合理密植、增穴减粒、配方施肥、病虫、草、鼠害综合防治等技术，合理布局，规模种植，增强市场竞争能力。以市场为导向，加快产业化进程，完善流通体系建设，在增产的同时，搞好花生加工增值和销售服务，尽可能地扩大花生生产效益，使高产开发长期持久地开展下去。

1. 因地制宜选择适宜的栽培模式　由于各地条件不同，要因地制宜选择适宜当地条件的种植模式，并配套相应的栽培管理技术，加强中低产田花生的改造，促进花生均衡增产，解决发展不平衡问题。

2. 加大优良新品种的选育力度，并建立统一的良种繁育基地，使优良新品种能迅速地应用于生产　要尽快选育早熟型（生育期110～115天）、高油型（含油量55%～60%，油酸含量60%～80%）、食用型（蛋白质含量30%以上）等不同类型的优良品种，促使油脂品质再上一个新台阶。

3. 良种良法配套，进一步优化栽培技术

（1）根据品种特性和种植方式，合理密植。

（2）改进施肥方式、增施磷、钾、钙肥。

（3）大力推广地膜覆盖栽培技术。

（4）采用病虫草害综合防治技术。

4. 全程应用机械化　努力使种子包衣、播种、施肥、灌溉、病虫害防治、收获、风干等农艺环节都由机械操作，替代繁重的人工劳动。

5. 扩大花生产业链开发　注重花生仁、花生壳、花生秧综合利用的研究，促进花生整体商品性提高，从而提高整体生产效益。

6. 推广绿色、有机花生生产技术　包括生产环境质量的选择；病虫害生产防治技术；防止黄曲霉素污染技术及相关的农艺措施；保证产品质量，使产品达到绿色或有机花生标准。

7. 发挥龙头企业的带动作用　积极引导生产基地与技术先进辐射面广的龙头企业相结合。发展订单农业，实行优质优价，让农民得到实惠，企业也得到优质原料。发展产品精深加工，以高附加值的终端产品拉动整个产业链的发展。让企业介入优质品种的评价鉴定和原料基地建设，实行产、加、销一体化，让优质产品实现规模效益。

# 第二章　花生生长发育规律及特性

## 一、花生的起源分布与类型

花生属豆科（*Leguminosae*）、蝶形花亚科（*Papilionoideae*）、花生属（*Arachis*），为一年生草本植物。花生属中栽培种只有一个，即花生。花生属染色体基数为10，大多数野生种为二倍体（2n＝2x＝20），栽培种及少数野生种为双二倍体（2n＝4x＝40）。世界上公认花生原产于南美洲热带亚热带地区，是当地的一种古老作物。目前，在世界上栽培很广，在地球上南纬40°至北纬40°的广大地区均有种植。我国种植花生始于6世纪初期或中期，最初主要集中在东南沿海，品种为龙生型；到18世纪末才有种植大果花生的记载。19世纪末我国花生开始迅速发展，逐渐形成了几个重点产区，主要有黄河流域花生区（面积与产量占全国的50%以上）、东南沿海花生区（面积与产量占全国的20%左右）、长江流域花生区（面积与产量占全国的15%左右）、东北花生区（面积与产量占全国的4%左右）、云贵高原花生区（面积与产量占全国的2%左右）、西北花生区（面积与产量占全国的1%左右）等。

花生的品种类型很多，依据花生开花情况可分为以下两个亚种类型：即交替开花型和连续开花型。交替开花型主茎上不着生生殖枝（花序），在第一、第二级侧枝的基部第1～3节，只着生营养枝（分枝），不能着生花序（即不能开花）。其后的几节着生花序，以后又有几节着生营养枝，即在侧枝的节上分枝和花序交替出现。凡具交替开花型的花生品种即归为密枝亚种或交替开花亚种（subsp. hypogaea）。连续开花型主茎上能发生生殖枝，在侧枝的各节上均能生发生殖枝。目前，生产上应用的多数主茎开花的品种，在一级侧枝的第1～2节上发生二级分枝，以后各节均能连续开花，而在这些二级分枝上，基部第1～2节均能形成花序，也属于连续开花型的品种，均归为疏枝亚种或连续开花亚种（subsp. fastigiata）。确定开花型应以主茎是否开花为主要依据。一般交替亚种分枝性强，二级枝多，能发生三级以上分枝，单株分枝数量较多（一般10条以上），故又称为密枝亚种；连续亚种二级分枝数少，一般无三级枝，单株分枝数量较少（一般不足10条），故又称为疏枝亚种。与分枝相应，交替亚种单株叶片数也明显多于连续亚种。连续亚种始花期和盛花期明显早于交替亚种，而且连续亚种在始花后各节连续开花，开花、结果早且集中，其成熟收获期明显早于交替亚种。多数交替亚种品种的成熟种子休眠性较强，连续亚种的种子休眠期很短或无；交替亚种对结果层土壤缺钙和干旱敏感，易出现缺钙症状，而连续亚种则不敏感；交替亚种根瘤形成早，瘤多，固氮能力强，施用氮肥的效应往往不明显，连续亚种则结瘤少，固氮能力弱，氮肥效应较好；交替亚种叶片闭合时间早，展开晚，花冠凋谢时间早，叶片衰老脱落较晚，光补偿点较低。连续亚种脂肪中油酸与亚油酸（O/L）比值低，通常在0.9～1.1，典型的交替亚种常在1.6以上；交替亚种叶片叶绿素含量较高，光合能力较强。根据植物学特性、生物学特性及经济性状，可分为普通型、珍珠豆形、多粒型、龙生型4个类型。

### （一）普通型（国际上称弗吉尼亚型）

我国通称大粒种。其主要特征是交替开花，主茎上完全是营养值，侧枝较多，能生长第3次分枝。荚果普通型，网络线粗，壳厚，一荚一般两室，果型大。按其株型可分为直立、半蔓、蔓生3个亚型。直立和半蔓称为丛生型，该类型是我国分布最广、栽培面积最大的类型，也是我国出口的主要类型。

**（二）珍珠豆型（国际上称西班牙型）**

我国通称直立小花生。其主要特征是连续开花，分枝少，荚果葫芦型或蚕型，荚果两室，果皮薄，果小仁小。该类型原来主要分布在南方两熟地区和东北早熟花生区。但近年来根据一些耕作制度改变的需要，一些早熟高产的中粒品种相继育成，如伏花生、白沙1016等，该类型种植面积扩大很快。

**（三）多粒型（国际上称瓦棱西亚型）**

多粒型花生主要特征是连续开花，分枝少，荚果串球形，每荚三室以上。果壳厚，网纹粗而浅，早熟或极早熟，茎丛生直立。

**（四）龙生型（国际上称秘鲁型）**

我国通称蔓生小粒种，其主要特征是交替开花，主茎上完全是营养枝，分枝性强，侧枝很多，常出现第四次分枝。荚果曲棍形，有明显的果嘴和龙骨，壳薄，网纹深。每荚三室以上或两室，种子呈圆锥形或三角形。该类型成熟期晚，结果分散，但抗旱耐瘠性强，在沙地比较稳产。

随着生产发展的需要和对不同气候条件的适应，近年来育种单位大量开展了类型间杂交，育成了一些中间类型的品种，如徐州68-4、豫花1号、花28等，其连续开花、分枝少，应属珍珠豆型，但颗粒大、荚果似普通型，壳厚，网纹浅，则近于普通型。中间类型的品种一般具有两大优点，一是连续开花、连续分枝开花量大，受精结果率高，产量高；二是品种的适应性广。同时，这些新品种的生物特征越来越不明显。为了适应生产和经济上的需要，目前，生产上一般习惯于按熟性早晚和种子大小分类型。以生育期长短可分为早熟品种（生育期120～130天）、中熟品种（生育期130～160天）、晚熟品种（生育期160天以上)。以种子的大小分，有大粒种（百仁重80g以上)、中粒种(百仁重50~80g)、小粒重（百仁重50g以下)。以植株的形状来分还可分为直立型；半蔓型；蔓生型。

## 二、花生器官的特征特性

### (一) 种子及其发芽

1. 种子的形态结构。花生种子由种皮和胚两部分组成，胚又分为子叶、胚根、胚轴及胚芽4个部分，胚乳在种子发育时中途败育，仅有时可在子叶间胚芽上方可见一薄膜状的胚乳残迹。成熟的花生种子外形一般是一端钝圆或较平，另一端胚根突出，可分三角形、桃形、圆锥形、椭圆形和圆柱形5种。种皮是种子外面的薄皮，起保护作用，有紫、颌、紫红、红、粉红、黄及花皮等色，深色的种皮含单宁物质多，味涩。皮色一般不受栽培条件的影响，是品种的特征之一。子叶两片，肥厚而有光泽，贮有丰富的脂肪、蛋白质及其他营养物质，是栽培的主要目的，占总重量的90%以上。胚芽由一个主芽和两个侧芽组成，主芽发育成主茎，侧芽发育成第一对侧枝，胚轴形成粗壮的根茎，胚根发育成根系。所以，花生种子实际上已是一株分化相当完全的幼小植株。

同一植株上的花生种子，其大小和成熟程度相差很大，大粒种子所含养分多，苗势强。同一荚果的种子，由于所处的位置不同，两室果中，前室种子称“先豆”，后室种子称“基豆”，一般“先豆”发育较晚，粒重较轻。“先豆”比“基豆”休眠性弱、发芽较快、生命力较强，做种用有增产趋势。

2. 种子的休眠性。刚收获的花生种子，必须经过一定时间的“后熟”才能正常发芽，这种特性称休眠性。一般交替亚种休眠期约3~4个月，有的品种长达150天以上；连续亚种多无休眠期或休眠期很短。花生种子的休眠性是种皮的障碍和胚内抑制物质共同作物的结果。普通型和龙生型品种休眠期较长，一般为110～120天，有的品种可达5个月以上，到播种时还不能整齐发芽。珍珠豆型和多粒型品种休眠期很短，一般为9～50天，有的甚至无休眠期，如成熟时遇雨，则常在植株上发芽，造成很大损失。目前，人工用乙烯利、乙醚和脱落酸处理均可解除休眠，生产上采用浸种、晒种及适宜温度（22～30℃）下催芽，都能在一定程度上解除休眠。

3. 种子发芽条件。完成了休眠的种子吸足一定水分，在一定的温度条件下，生理活性显著提高，胚根首先突破种皮，并迅速向下生长，发育成根系；同时，胚轴向上伸长变粗，将子叶和子叶间的胚芽顶向地表，见光后胚轴停止生长，子叶一般不出土，在出苗时适逢阴雨，光照弱时，亦能部分出土。当胚芽长大，第一片真叶伸出地面并展开时即为出苗。花生种子从萌芽到出苗的整过生长过程中，要求一定的水汽、温度和氧气。

水分：花生种子至少需要吸收本身干重40%以上的水分才开始萌动，从萌动到出苗则需要吸收种子重量4倍的水分。花生种子蛋白质含量高、种皮薄、吸水能力强，沙壤土中，土壤含水量18%左右，发芽出苗最好，含水量低于10%时，发芽缓慢，出苗率低。土壤水分不足，常常出现种子发芽后又落干现象，生产上在播种前可进行浸种不催芽播种，是保证出苗的有效措施。但土壤水分过多时，因氧气不足，发芽率也会下降，在低温情况下，常出现烂种。

温度：花生发芽的最低温度为12～15℃，低于这个界限不能发芽。不同品种要求不同温度，如珍珠豆形品种要求12～15℃。普通型品种要求15～18℃才能正常发芽出苗，37℃发芽最快，超过了37℃发芽速度又逐渐缓慢，到45℃时，有的品种不能发芽。

氧气：花生种子含油分多，在萌动出苗期间呼吸旺盛，需气较多，氧气不足，则幼芽弱，出苗快，故花生播种适宜疏松的土壤。如播种过深或土壤黏重，播后遇大雨，易造成烂种缺苗，所以，雨后播种花生比较安全。一般春播 10 ~ 15 天出苗，夏播5 ~ 7 天出苗。

### （二）根和根瘤

1. 根。花生根属圆锥根系，有主根和各级侧根组成。花生根系比较发达，苗期根系生长迅速，出苗后主根已深入 20 ~ 40cm，并且有 30 ~ 40 条以上一级侧根；开花时主根可深达 50 ~ 60cm，侧根 100 多条。开花以后，根的长度生长逐渐减缓，花针期根重增长最快，结荚期根系生长力仍很旺盛，进入饱果期根的生活力很快衰退。花生根可深达 2m 左右，侧根有数十条至数百条，分布可达周围 1m 左右，但主要分布在 30cm 土层内。花生侧根于地表下 15cm 土层内生出最多，主体根系分布在 30cm 深的土层内（约占根总量的 70%）。花生根系分布直径，蔓生型品种 80 ~ 115cm，直立型品种约 50cm。由于花生根有较多的次生侧根，根茎部易发不定根，故耐寒力较强。土层深厚，通气良好，水分适中，营养丰富的土壤，有利于根系的生长。

2. 根瘤。花生根瘤是由根瘤菌浸入根的皮层后大量繁殖，刺激皮层细胞畸形扩大增殖而形成的。花生根瘤属于豇豆族根瘤菌，有专性杆状菌，能和扁豆、绿豆、胡枝子、圣麻等豆科作物共生，但不能和大豆、苕子等共生。瘤体为圆形，直径 3 ~ 4mm，多数着生在主根上部和靠近主根的侧根上。入根前，根瘤菌在土壤过腐生生活；花生种子萌发后，根瘤菌由幼根皮层侵入，当幼苗主茎生出 4 ~ 5 片真叶时，幼根上便形成肉眼可见的圆形瘤状体。苗期根瘤固氮能力弱，不但不能供给花生氮素物质，还要呼吸植株的氮素营养维持自身生长繁殖。此时根瘤与花生是寄生关系，因此，苗期应适当追施速效氮肥，以满足幼苗和根瘤的需要。开花后，根瘤除通过根的维管束继续吸收必要的养分和水分外，已能固定空气中的氮素供给植株生长，这时根瘤与花生是共生关系。到开花盛期根瘤固氮能力最强，结荚初期是根瘤菌固氮和供氮的高峰期。花生生长末期，根瘤菌的固氮能力很快衰退，流体破裂，根瘤菌又回到土壤中营腐生生活。在通常情况下，主根上的根瘤较大，数目较少，内含较多的粉红色汁液固氮能力较强。花生根瘤菌为好气性细菌，根瘤菌活动的适宜温度为18~28℃；土壤水分为田间持水量的50%~80%；土壤pH值为5.5~7.2，还要有充足的氧气，根瘤菌才能正常繁殖、活动和固氮。同时，根瘤生长和固氮需充足的P、K和Ca、Mo元素。N过多，尤其硝态N过多，对根瘤固氮有抑制作用，在苗期，适量供N肥，可促进幼苗生长健壮，对后期固氮有促进作用。花生的固氮能力为：亩产150kg荚果，可固氮5~7.5kg，相当硫氨25~35kg，其固氮能力是花生一生需氮的80%左右。栽培上要选择疏松的土壤，冬季适当深耕，生产中及时中耕除草，增施磷、钾、钙和有机肥料，才能促使根瘤发育。

**（三）茎和分枝**

1. 茎。胚芽生长发育形成主茎，花生主茎直立，一般有15~25节，高5~25cm。节上长叶腋内生出分枝。花生出苗后主茎生长很慢，开花时，主茎高度一般不超过5~8cm，开花后主茎生长速度逐渐增加，到盛花后达到高峰，以后明显变慢，以至停止生长。花生主茎高度一般由节数和节长两个因素决定，栽培条件对主茎高度有一定影响，主茎的高度可作为衡量花生生育状况的一项简易指标。一般认为，主茎高度>60cm生长过旺。主茎高度40~50cm表明生长良好。主茎高度<40cm，表明生长不良。普通型中、晚熟品种主茎高度以40~50cm为宜，超过60cm表示过旺，群体大极易倒伏；不足30cm，则为生长不良，生长势弱。

2. 分枝。花生主茎叶腋内长出的分枝称为第一次分枝，第一次分枝上长出的分枝称为第二次分枝，以此类推。一般品种多产生 2～3 次分枝，有的品种可产生 4～5 次分枝。当花生出苗 3～5 天，主茎第三片真叶展开时，从子叶叶腋间长出第一、第二条一次分枝，对生，通称第一对侧枝。出苗 15～20 天，主茎第五、第六片真叶展开时，从第一、第二片真叶叶腋间分别长出第三、第四条一次分枝，互生；由于两节间紧靠，近似对生，所以称第二对侧枝。第一、第二对侧枝出现后，称为团棵期。这两对侧枝长势很强，构成花生主体，是花生荚果着生的主要部位，占全株总结果数的 70%～90%，因此，在栽培上对第一、第二对侧枝的健壮发育，应予极大重视，尽可能促其早发。

分枝的多少与品种类型有关，龙生型和普通型分枝多；多粒型和珍珠豆型分枝少。除品种因素外，影响分枝的因素还有营养、光照、温度、密度等，N、P 不足以抑制分枝；密度大，光照不足，抑制分枝；温度过高分枝减少；反之则反，故夏花生分枝少。

根据分枝角度及主茎与侧枝间的长度比例，又可将花生分为直立、半蔓、蔓生 3 种株型。第一对侧枝长度与主茎高度的比率称株型指数。直立型第一对侧枝与主茎间角度小于 45°，株型指数为 11～12 左右；半蔓型第一对侧枝近基部与地面呈 30°角，株型指数 1.5 左右。以上两种为丛发型，结果集中。蔓生型侧枝几乎贴地生长，仅前端向上隆起，第一对侧枝与主茎近成直角，株型指数 2 左右。此类结果分散，覆盖地面，可减少蒸发。

**（四）叶**

花生的叶分不完全叶和完全叶（真叶）两类。子叶、鳞叶和苞叶为不完全叶。真叶为偶数羽状复叶，包括托叶、叶柄、叶枕及小叶片等部分。小叶 4 片，偶有多于或少于 4 片的畸形叶。小叶片形状分为椭圆、长椭圆、倒卵、宽倒卵形 4 种，是鉴别品种的性状之一。主茎上一般 20～30 片叶，基部 1～4 片叶，每 1～2 天可长出一片叶，5～9 叶每隔 5～8 天长出一片，9～17 叶每隔 4～6 天长出一片、17 叶以上每隔 8～10 天长出一片。

花生的 4 片小叶，在晚间、阴雨天和土壤干旱时会成对闭合；第二天早晨或天晴时，重新张开，这种昼开夜闭的现象称为“感夜运动”，是“感性运动”的一种。其原因是小叶叶枕上半部和下半部薄壁细胞的膜透性随光能强弱发生相应变化所致。当光能减弱时，上部薄壁细胞体积收缩，下部细胞体积扩张使小叶上缝闭合。而同时在复叶基部的大叶枕内发生相反的变化，从而使各叶柄下垂，以减少水分蒸发，调节温度，增强抗旱力，是花生叶片对环境适应的一种表现。

花生属喜光 $C_3$ 植物，光饱和点很高，$CO_2$ 补偿点也较高，在自然条件下，叶的光合性能不能充分发挥。花生光合作用最适温度 20～25℃，达 30～35℃ 净光合强度急剧下降。另外，总体光合强度还受叶面积系数的影响，一般疏枝型品种叶片大，透光性差，适宜叶面积系数应在 3～4；密枝型品种叶片小，透光性较好，适宜叶面积系数为 4～5。

**（五）花和花序**

1. 花和花序的构造。花序是一个着生花的变态枝，又称生殖枝或花枝。花生的花序在植物学上称为总状花序。依品种又有长花序、短花序、混合花序和“复总状”花序之分。长花序花序轴长，可着生 3～7 朵花，偶尔着生 10 朵以上；短花序花序轴短，只着生 1～2 朵或 3 朵，似簇生；有的侧枝基部几个短花序丛生，形似“复总状”花序；有的一个营养节基部两个节又发生两个次一级营养芽，在这些次级营养芽基部再分化出花序，即花序上部又长羽状复叶，又长花朵，形成混合花序。

根据第一次分枝上着生花序的位置，可分两种类型；枝节与花节交替着生的，叫交替开花型；第一次分枝上每一节都着生花序的称为连续开花型。

花生的花为大型蝶形两性完全花，子房上位，整个花器由苞片、花萼、花冠、雄蕊、雌蕊5个部分组成。

苞片：苞片2片，位于花萼基部外侧，长的一片为内苞片，长达2cm，先端形成两个锐三角的分杈，在花蕾时期具有保护花蕾和进行光合作用的功能；另一个较短片，长桃形，包围在花萼管基部的最外层，称为外苞片。从形态发生上看，长桃形苞片应属于花序节上的苞片，二叉状苞片才是花朵本身的苞片。

花萼：位于花的最外层，下部连成细长的花萼管，长3～6cm，花萼上部是5个花萼片，其中，4个联合，一个分离，浅绿色或带紫色。

花冠：着生在花萼内部，蝶形，从外而内有一个旗瓣，两片翼瓣和两片龙骨瓣组成。一般呈黄色、橙黄色或淡黄色，旗瓣最大，翼瓣次之，龙骨瓣最小，两片联在一起呈鸟嘴状向上弯曲，包着雄雌蕊。

雄蕊：雄蕊10枚，其中，两枚退化成花丝，8枚发育成花药，4个较大呈长圆形，4个较小呈圆形，长花药成熟早，散粉早；圆花药发育慢，散粉晚。

雌蕊：位于子房中央，由柱头、花柱和子房三部分组成。花柱细长包在雄蕊管中，顶端稍膨大的部分叫柱头。子房在花萼管基部，子房上位，一室内有2～6个胚珠，受精后子房壁发育成果壳，胚珠发育成种子。

2. 花芽分化及开花受精。春花生一般经30～40天开花，夏花生经20～30天开花。花芽分化的时间很早，一般从幼苗出土时就开始了。每朵花分化时间大约20～30天，花芽分化的快慢，受气温影响最显著，气温高分化快。土壤氮素多少显著影响花芽分化的多少。团果期花芽分化最盛，这时形成的花芽所开的花，多能结成饱满的荚果，为有效花；开花以后分化的花芽多为不能结实的无效花。所以，苗期是花生一生的关键时期，苗期生长好坏，直接影响到产量高低。为此必须加强苗期管理，以满足花生对水肥的需要，为丰产打好基础。

花生开花前一天傍晚，细蕾膨大，由叶腋伸出，露出花瓣，这时花萼仅1cm左右，夜间伸长很快，第二天开花时，已达3cm左右。花蕾开始膨大时花丝管很短，到花瓣即将开放时，雄蕊管伸长，花药接近柱头，同时，散出花粉，这时旗瓣尚未完全张开，龙骨瓣还紧包花蕊，故花生是自花授粉作物或闭花授粉作物。

花生一般为双受精，即授粉后花粉粒在柱头萌发形成花粉管，沿花柱沟伸向胚珠，生殖细胞经1次有丝分裂产生的两个精子，通过花粉管1个精子与卵细胞结合形成受精卵；另一个与两个极核结合形成初生胚乳细胞。从授粉到受精完成约需10～18个小时，气温过高过低均不利于花粉发芽和花粉管伸长，低于18℃或高于35℃都不能受精。

花生植株各分枝、各节以及各花序上的花，大体以由内向外、由下向上的顺序依次开放。但环境条件的变化，会打乱正常开花顺序，如久旱遇雨，开花集中。整株花期延续时间，在一般栽培条件下，珍珠豆型品种从始花到终花约50～70天，普通型品种约60～120天。受栽培密度、降雨量、气温、光照等条件影响，花生在整个花期内每天开花多少变化很大，大体上是经历由少到多、再由多到少的过程，开花最多的时期称盛花期。连续开花型品种大约在始花后10～20天即可达盛花期，交替开花型品种在始花后20～30天才进入盛花期。

**（六）果针**

1. 果针的形成与伸长。花生开花授粉后，子房基部的细胞开始分裂、伸长，大约在开花后4～6天，即形成明显的子房柄。子房柄连同先端的子房合称果针。果针先端为一层木质化的表皮细胞，形成一个帽，保护子房入土。果针有向地下生长的特性，最初略成水平生长，不久即弯曲向地，入土后达到一定深度，子房柄即停止伸长。子房开始横卧生长发育成荚果，果针入土的深浅因品种土质而异，疏枝型品种入土较浅，一般珍珠豆型入土深3~5cm，普通型入土深4~7cm，龙生型品种入土可达7~10cm。另外，沙土地入土较浅，黏土地入土较深。在果针迅速伸长期，如果条件不良或营养不足，子房前室胚珠可败育，形成单室果。

2. 影响果针形成和入土因素　花生所开的花中有相当大一部分不能形成果针，一般形成果针的约占花总数的50%~70%，结果率占20%~25%，饱果率只占15%左右。影响成针率的因素比较复杂，一般认为有以下几个方面；一是由于花器发育不良，这种花只占很少数；二是开花时气温过高或过低，花粉粒不能发芽或花粉管伸长迟缓，以致不能受精，这种状态也不多见；三是开花时空气湿度过低，低于50%，成针率明显降低；四是密度过大。

花针期对水分比较敏感，耗水量大，需要充足的水分，60%~70%的相对土壤含水量有利于花生下针。空气湿度对果针伸长也有很大影响，据测定，在空气相对湿度100%时，果针平均每日伸长0.62~0.93cm，湿度为77%时，平均每日伸长0.32cm左右，湿度57%时，每日只伸长0.82cm。天气干旱果针不能伸长，土壤水分充足时，有利于果针伸长，久旱遇雨果针迅速入土。开花下针期要求适宜温度为日平均气温25~26℃，氮、磷营养充足，光照充足开花多，下针多。果针能否入土主要取决于果针穿透力和土壤阻力，在田间条件下，果针穿透力与果针长度及果针的柔软度有关，一般果针的穿透力为3~4g/cm$^2$，果针离地越高，果针越长、越软，入土能力弱，针长>10cm不易入土。土壤干旱阻力大，入土能力也弱，所以，保持土壤湿润与疏松有利于果针入土。

### （七）荚果

1. 荚果的形态。花生果实属荚果，果型因品种不同而异，大体上有以下7种。普通形：具两室，果腰浅，果嘴不明显或不甚明显；茧形：具两室，果腰极浅，果嘴不明显；斧头形：具两室，果嘴明显，果腰深，后室与前室形成一拐角。葫芦形：具两室，果腰深。蜂腰形：具两室，果腰深，果形稍细长。曲棍形：荚果在三室以上，各室间有束腰，果壳背部形成几个龙骨凸起，先端一室稍向内弯曲，似拐棍，果嘴突出。串珠形：荚果多在三宝以上，各室间束腰极浅，排列像串珠。果壳坚厚，成熟时不干裂，具有纵横网纹，前端突出部分称果嘴。每果通常二室以上，最多7粒，每室间有果腰，但无隔膜。同一品种的荚果，由于形成先后，着生部位不同等原因，成熟度和果重变化很大。高产量水平条件下，果重的变化，常是花生产量不稳的重要原因。研究荚果发育规律、提高果重是夺取花生高产的重要课题。

2. 荚果的发育过程。果针入土达一定深度就不再伸长，子房横卧在土壤中开始膨大形成荚果，从子房开始膨大到荚果成熟，可分为两个阶段：前一阶段主要是荚果体积急剧膨大，早期入土的果针10天左右可形成“鸡头状”的幼果，20天荚果体积增长最快，到30天左右达到体积最大限度，此时称为定型果。定型果果壳木质化程度低，果壳网纹不明显，表面光滑、黄白色，荚果幼嫩多汁，含水量高，一般为80%～90%，籽仁刚开始形成、内含物以可溶性糖为主，无经济价值。后一阶段主要是荚果充实期或饱果期，荚果充实期在入土后50～60天或60～70天，需时30天左右，荚果干重迅速增加，糖分减少，油分增加，籽仁充实，荚果体积不再增大。此期间果壳的干重、含水量、可溶性糖含量逐渐下降，种子中油脂、蛋白质含量，油脂中油酸含量、油酸/亚油酸（O/L）比值逐渐提高，而游离脂肪酸、亚油酸、游离氨基酸含量不断下降。入土后65天左右，荚果干重和籽仁油分基本停止增长。在这一阶段，随着荚果发育，刮去外果皮可见中果皮色泽表现由白→黄→橘红→棕褐→黑的明显变化。同时，内果皮逐渐变干、出现裂缝和褐斑。最后干物重增长逐渐接近停止，果壳变厚变硬，网纹明显，种皮变薄，呈现本品种特色。

在生产上常将荚果按成熟程度不同分为3个类别。

①幼果：子房呈鸡头状至体积达最大，籽仁尚无食用价值，荚果干后皱缩。

②秕果：籽仁可食用，但未饱满，果壳网纹开始清晰，但尚未完全变硬。

③饱果：籽仁充分成熟，呈现品种本色，果壳网纹清晰、全部变硬，内果壳出现褐斑。

一个果针入土到荚果发育成熟，早熟小粒种需50~60天；大粒钟60~70天。但品种荚果在植株上所处的部位，茎叶供应养分的强度、湿度及其他条件都可以对荚果发育时间有所影响。

3. 影响荚果发育的因素。花生是地上开花地下结果，其荚果发育要求条件与其他作物比，有很大的特殊性。一般认为有以下7个主要条件。

黑暗：是子房膨大的基本条件，果针不入土只能不断伸长，子房始终不能膨大，但久不入土，会枯死。只要入土就开始膨大，但如露出地面见光，便停止发育，再入土也不再继续发育。

水分：适宜的水分是荚果发育一个重要条件。结果层土壤干燥不能正常发育，一般要求田间持水量50%~60%的土壤含水量。不同品种对结果区土壤含水量的反应有一定差别，珍珠豆形品种较普通型耐寒性强。另外，结果层干旱会阻碍荚果对钙素的吸收，特别是普通型品种更敏感。

氧气：花生荚果发育过程中生长十分迅速，物质的运转、转化十分紧张，呼吸作用相当旺盛，故需充足的氧气，氧气不足，荚果发育不良，特别是种子发育受到严重抑制，也容易导致烂果。

结果层中的矿物营养：入土的果针和初发幼果可直接从土壤中吸收一些无机营养，结荚环境中矿物营养状况对荚果发育有很大关系，特别是钙元素不足，会产生秕果、空果。普通型花生比较敏感。

温度：荚果发育所需时间长短以及荚果发育好坏与温度关系密切。据研究，结果区土壤温度30.6℃时荚果发育最早，入土两天就开始膨大，其次为22.9℃，38.6℃时发育较慢，入土一周后才膨大，15℃时始终不见膨大。

有机营养的供应情况，荚果发育的好坏还取决于有机营养供应状况，在荚果饱满期有机营养供应不足或分配不协调也是造成荚果发育不良的基本原因之一。

机械刺激：荚果发育还必须受一定的压力影响。

荚果的发育顺序和开花顺序基本一样。

4. 荚果的大小与果壳厚度。通常在栽培上以随机样品的平均每千克荚果个数来表示。也可以以某品种典型饱满荚果的百果重（g）表示。普通大花生一般千克果数为400～450个；成熟稍差的450～530个。珍珠豆型较稳定一般千克果数在700～760个。

果壳厚度因品种而异，珍珠豆型品种较薄，荚壳占果重的25%～30%；普通型品种较厚，荚壳重占30%以上。

## 三、花生各生育时期特点

花生在整个生育过程中，大体上可分为以下5个不同生育时期，其特点和对环境条件的要求如下。

**（一）播种出苗期**

从播种到全田50%的植株第一片真叶出土并展开称为播种出苗期。此期一般春播10～15天，夏播6～8天。花生为子叶半出土作物。对外界条件的要求：

水分：花生播种需要的适墒是相对含水量为60%～80%。

温度：种子发芽的最适温度为25～37℃。

氧气：萌芽出苗期间，呼吸旺盛，需氧较多。

栽培上要求一播全苗，苗齐苗匀。

**（二）幼苗期**

从出苗到全田50%的植株开始开花称幼苗期。此期是侧枝分生、根系伸长的主要时期，但根重增长很慢，只占总根重的26%～45%；苗期地上部生长相当缓慢，干物质积累仅占全生育期10%左右，但此期生理活动比较活跃，叶片含氮率3%～5%，是一生中最高的时期，氮素代谢占显著优势。

苗期的长短与温度、光照及土壤水分有密切关系。一般春播需25～35天，夏播20～25天。地膜覆盖栽培缩短2～5天。

（1）苗期主要特点：

①主要结果枝已经形成。

②有效花芽大量分化时期。

③根系生长快，根系和根瘤形成期。

④营养生长为主，氮代谢旺盛。

（2）此期对外界环境条件的要求：

①温度：苗期长短主要受温度影响，约需大于10℃有效积温300～350℃。苗期生长最低温度为14～16℃，最适温度为26～30℃。

②水分：花生苗期是一生最耐旱的时期，干旱解除后生长能迅速恢复，甚至超过未受旱植株。

③营养：对氮、磷等营养元素吸收不多，但团棵期，由于植

株生长明显加快，而种子中带来的营养已基本耗尽，根瘤尚未形成，因此，苗期适当施氮、磷肥能促进根瘤的发育，有利于根瘤菌固氮，显著促进花芽分化数量，增加有效花数。

（3）管理中心任务：

保全苗，促根壮苗，促早花多花，争取枝多节密，为丰产打基础。在一定范围内苗期气温越高，叶片生长速度和花芽分化越快，出苗至开花的时间就缩短；苗期土壤干旱对花芽分化进程有很大影响，干旱显著影响开花。此期根瘤形成较少，不但不能固氮，根瘤生长还需氮素供应，可适当追施速效氮肥以提苗。

### （三）开花下针期

从50%的植株开花到50%的植株出现鸡头状幼果为开花下针期。此期春播花生一般25～35天。夏播花生早熟种仅15～20天。

（1）开花下针期特点：

①叶片数迅速增加，叶面积迅速增长。

②根系在继续伸长，同时，主侧根上大量有效根瘤形成，固氮能力不断增强。

③大量开花成针，花量占总花量的50%～60%。

④大量果针入土，形成果针数可达总数的30%～50%。

⑤这一时期所开的花和所形成的果针有效率高，饱果率也高，是将来产量的主要组成部分。

⑥需肥水较多的时期。

（2）开花下针期的影响因素：

低温、弱光、干旱和积水、缺N都能延迟开花，减少花量，影响果针形成和入土。

（3）开花下针期对环境条件的要求：

①温度：花针期大约需>10℃的有效积温290℃，适宜的日平均气温为22～28℃。

②水分：土壤水分相对含量60%～80%为宜。

③营养：对N、P、K三要素的吸收约为总吸收量的23%～33%，这时根瘤大量形成，能为花生提供越来越多的氮素。硼素对开花受精有影响。

（4）开花下针期管理中心任务：促茎叶生长，控制旺长，在结果层增施P、K、Ca肥，提高固氮能力，及时做到旱浇涝排，中耕培土迎果针，为大量开花下针创造条件。

该期以营养生长为主，生殖生长与营养生长同步进行，营养生长快，开花数多。由于植株生长加快，所吸收的无机营养和水分的消耗显著超过苗期。对氮、磷、钾三要素的吸收量占全发育期的23%～33%，对外界条件的变化也十分敏感。该期需水最多，适宜的土壤含水量为60%～70%，低于50%或高于80%时形成干旱或过湿，造成根系与植株生长不良或茎叶旺长，均能减少开花量并使受精不良。光照弱时主茎增长快，分枝少而盛花期延迟；良好的光照条件可促进节间缩短紧凑，分枝多而健壮，花芽分化良好。此期合理排灌和增施磷、钾、钙肥，能提高固氮功能，是增加有效花数达到高产的有效途径之一。

**（四）结荚期**

从50%植株出现鸡头状幼果到50%的植株出现饱果为结荚期。春播花生需30～40天，夏播花生20～30天。地膜覆盖可缩短4～6天。

（1）结荚期的特点：

①是花生营养生长与生殖生长并盛期。

②是营养体由盛转衰的转折期。

③是花生荚果形成的重要时期，该期所形成的果数占最终单株总果数的60%～70%，是决定荚果数量的关键时期。

④是花生一生中吸收养分和耗水最多的时期，对缺水干旱最为敏感。

（2）结荚期的影响因素：高温或低温、土壤水分过多或干旱、光照不足等对荚果发育影响很大。

（3）开花下针期对外界环境要求：

①水分：一生中耗水最多的时期，对缺水干旱最为敏感，要求土壤相对含水70%～80%。

②温度：温度影响结荚期长短及荚果发育好坏。一般大果品种约需＞10℃的有效积温600℃（或大于15℃有效积温400～450℃）。

③养分：该期吸收N、P占一生总量的50%左右。该期保证Ca的供应可提高饱果率；保证P的供应可提高种子含油率，可根外喷。

（4）结荚期管理中心任务：防倒伏，防旺长，防叶病，根外喷P增果重，提高结果率和饱果率。结荚期的主要生育特点是大批果针入土发育成荚果，此期形成的果数可占结果总数的60%～70%，甚至可达90%以上，果重增长量可占总果重的30%～40%。结荚期的另一个特点是营养生长也达最盛期，叶面积达一生中的最高值。该期对肥料的吸收也最多，后期应搞好叶面喷肥。此期土壤水分过多或过少，田间光照不足，对荚果的发育都有重大影响。

**（五）饱果成熟期**

从50%的植株出现饱果到荚果饱满成熟收获称为饱果期。北方春播中熟品种约需40～50天，晚熟品种约需60天，早熟品种约30～40天。夏播一般需20～30天。

（1）饱果成熟期特点：

①营养生长逐渐衰退，生殖生长为主。

②根系吸收下降，固氮逐渐停止。

③叶片逐渐变黄衰老脱落，茎叶营养大量转向荚果。

④果针数、总果数基本上不再增加。

⑤饱果数和果重大量增加，占总果重的 50% ~70%。是产量形成的主要时期。

⑥饱果期耗水和需肥量下降，但对温、光仍有较高的要求。

（2）饱果成熟期对环境要求：

①温度。气温影响饱果期长短，温度低于 15℃ 荚果生长停止。

②水分和营养。饱果期耗水和需肥量下降，若遇干旱且无补偿能力，会缩短饱果期而减产。

③饱果成熟期的管理中心任务：保功能叶，防倒伏，防早衰，喷施 PK 肥，促茎叶营养向荚果转运，提高含油率，增加果重。这一时期的生育特点是营养生长逐渐停止，生殖器官大量增重，生殖生长占优势。营养生长衰退表现在株高、新叶的增长极慢，以致停止，老叶脱落，叶面面积逐渐减少，叶色变黄，根的吸收能力降低，根瘤停止固氮。茎叶中的氮、磷和有机营养物质大量运向荚果。这是果针数、总果数量基本不再增加，饱果数和果重迅速增加，所增果重占总量的 50% ~70%，是花生荚果产量形成的主要时期，应在继续搞好叶面喷肥的同时，注意防病，尽可能保叶。

# 第三章 花生品种更新换代情况和优良品种介绍

## 一、花生品种的更新换代

良种是增产的内因，我国花生品种资源比较丰富，目前，收集到的品种资源有4 150多份，为花生优良品种的选育奠定了基础，近40多年来，各地约选育推广了260多个优良品种。其中，有些优良品种在生产中的应用时间长达20～30年，如海花1号、徐州68-4、天府3号等，为提高花生单产和改变耕作制度作出了较大贡献。回顾花生品种的选育和推广应用，大致经历了以下几个不同的发展阶段：在20世纪70年代以前主要推广了以伏花生和狮头企等为代表的花生品种；70年代主要推广应用了以徐州68-4、天府3号、花17等为代表的优良花生品种；80年代主要推广应用了以南充混选1号、海花1号、白沙1016等为代表的优良花生品种；90年代主要推广应用了以鲁花9号、鲁花11号、豫花1号、8130、花育20号等为代表的优良花生品种；进入21世纪，花生新品种的选育和推广应用加快，主要推广应用了以花育22号、花育23号、花育25号、豫花7号、豫花12号、豫花15号、得花8号、开农30、天府18号、冀油4号、冀花5号、邢花5号为代表的优良花生品种。以上花生优良品种的推广应用，促使花生大面积平均单产从20世纪70年代以前的50kg/亩左右，提高了近6倍；小面积单产从20世纪70年代以前的150kg/亩左右，提高了近5倍。同时，早熟品种的选育，使种植方式从单一的一年一熟春花生，发展到与小麦套种或夏直播种植一年两熟栽培，有效地扩大了种植面积，增加了总产量。另外，优质出口花生新品种的培育和推广应用，也增加了我国花生在国际市场上的竞争能力。

我国花生育种工作者在抗病、高油优质育种方面也取得了一些成果，在抗青枯方面已选育出了以中华2号、中华6号为代表的优良品种；在抗锈病方面已选育出了以中华4号、粤油202、汕油27号为代表的优良品种；在抗黄曲霉方面已选育出了以粤油9号为代表的优良品种；在高油（含油量55%以上）育种方面已选育出了以鲁花9号、远杂9102、鲁花14号、中华5号、豫花15号、冀油4号为代表的优良品种。以上优良品种的选育，也为今后专用优良品种的选育奠定了良好的基础。

## 二、优良品种介绍

### （一）豫花1号

1. 品种来源

河南省农业科学院经作所以徐州68-4作母本，鄂花2号作父本杂交选育而成。原名郑7432，经河南省品种审定委员会第六次会议审定通过命名。

2. 特征特性

属直立疏枝型。株高40cm左右，生育期春播135天左右，麦垄套种油菜、大麦，早茬直播125天左右。荚果为大果型，百果重250～270g，百仁重90～110g。籽仁椭圆形粉红色，穴仁率74%～75%，种子含油率53.8%，氨基酸44.5%，且蛋白质24.6%，亚油酸41.81%，食味香甜。该品种出苗快而整齐，幼苗长势强，茎秆粗壮，抗倒力强，连续开花，花多针多结实力强。果大整齐，饱果率高，适宜外贸出口，商品价值高。

3. 区试产量表现

1982 年省生产示范试验 14 个点中，平均比山东混选 1 号增产 30%，比徐州 68-4 荚果增产 16.8%，籽仁增产 18.1%。1983～1984 年多点生产示范，两年平均籽仁分别为 201.9kg 和 177.15kg，居第二位和第一位。

4. 栽培技术要点

该品种适宜在中等以上肥力地块春播，其抗涝性强，抗旱性一般，对干旱比较敏感，丰产性强，花针量大，结果多，春播地膜覆盖更易高产。春播可在 4 月中下旬播种，地膜覆盖可提早到 4 月 10 日左右，亩种植密度 7 000～8 000 穴，每穴两粒。麦垄套播亩种植密度 8 000～9 000 穴，每穴两粒。该品种种子休眠期短，成熟后宜发芽，应及时收获。

**（二）豫花 2 号**

1. 品种来源

濮阳市农科所用 642-3-15 作母本，642-6-2 作父本杂交，应用混合选择法育成。原名濮阳 77-4，经河南省品种审定委员会第十二次会议通过审定命名为豫花 2 号。

2. 特征特性

属直立密枝型。株高 30～40cm，生育期春播 125～135 天，套播 115～125 天。荚果为大果型，百果重 200g 左右，百仁重 90g 左右，出仁率 74.5%～76.3%，种子含油率 54.27%。该品种幼苗长势中等，后期长势强，不易早衰，交替开花，叶片椭圆形，色较绿，茎较细但韧性好，不易倒伏，荚果整齐而饱满，抗枯萎病，耐旱、涝、瘠性均好。

3. 区试产量表现

河南省春播花生生产试验：1982 年平均亩产籽仁 118.9kg，比对照种山东混选 1 号亩产 104.15kg，增产 14.2%，居第三位。1983 年亩产籽仁 194.0kg，比对照种山东混选 1 号亩产籽仁

191.6kg 增产 1.3%，居第四位。1983～1985 年参加山东省花生所主持的北方区中熟组区域试验，3 年分别亩产籽仁 178.6kg、172.3kg 和 154.8kg，较对照种徐州 68-4 依次增产 12.0%、7.9% 和 9.0%，3 年均居首位，增产达极显著水平。

4. 栽培技术要点

该品种适宜春播、麦垄套种在沙壤、丘陵旱地种植。春播在 4 月下旬，亩种植密度 7 万～8 万穴，每穴两粒；麦垄套播在 5 月中旬，亩种植密度 0.9 万～1 万穴，每穴两粒。

**（三）豫花 3 号**

1. 品种来源

开封农林科研所以濮阳 77-2 作母本，开 7704 作父本杂交选育而成。原名开 8034-5，1991 年 4 月河南省品种审定委员会审定通过命名为豫花 3 号。

2. 特征特性

属直立疏枝型。春播生育期 120～125 天，麦垄套种生育期 110～115 天。主茎高 43cm 左右，侧枝长 47.6cm 左右，总分枝平均 10.7 条。结果枝平均 7.2 条左右。普通型大果，百果重 263.6 g，百仁重 99.3 g，饱果率 51.4%，出仁率 70.5%。粗脂肪含量 48.64%，粗蛋白含量 25.91%，氨基酸总和 26.7%。该品种抗叶斑病和病毒病，较耐涝。

3. 区试产量表现

1988～1989 年河南省区试，15 个点汇总平均亩产荚果 270kg，籽仁 189.9kg，比对照豫花 1 号分别增产 11.7%～11.85，均居首位；1989 年河南省生产试验，平均亩产籽仁 162.9kg，比对照徐州 68-4 增产 4.8%，居第三位；1990 年继续生产试验，平均亩产荚果 245.1kg，籽仁 154.1kg，分别比对照徐州 68-4 增产 6.5% 和 8.7%，居第一、第二位；1989 年参加全国北方区试，9 点平均亩产籽仁 187.8kg，比对照种花 37 增产5.55%。

4. 栽培技术要点

该品种适宜平原肥沃田块种植。春播夏套均可。春播谷雨前后，中肥地每亩密度8~9千穴，高水肥地每亩7.5~8.5千穴，每穴两粒；麦套5月中旬，夏直播6月上旬，种植密度每亩0.9万~1万穴，每穴两粒。前期注意防治蚜虫，中后期注意防治叶斑病。成熟后及时收获，防止荚果发芽。

**（四）豫花4号**

1. 品种来源

河南省农业科学院经作所用豫花1号作母本，南召不拖秧作父本，进行有性杂交系统选育而成。原名郑7888，1991年4月河南省品种审定委员会审定通过命名为豫花4号。

2. 特征特性

属直立疏枝型。生育期120天左右，主茎高40cm，分枝6.7个，荚果为普通型中果，百果重186g。籽仁为椭圆形，呈粉红色，有光泽，百仁重72g，出仁率74%~75%。经测定，脂肪含量50.16%，蛋白质含量24.6%，属优质型。生和稳健、耐旱、耐涝、不早衰、抗叶斑病和病毒病。

3. 区试产量表现

1988~1989年河南省两年区试，15个点汇总平均亩产荚果235.2kg，比对照种花28增产10.2%，居首位；籽仁亩产175kg，比对照增是11.3%，其中，8处第一位，2处第二位。1989年河南省生产试验，8个点平均亩产荚果219kg，籽仁166kg，分别比对照种徐州68-4增产2.3%和6.8%，居8个参试品种的首位。1990年继续生产试验，10个点平均亩产荚果235.2kg，亩产籽仁158.4kg，分别比对照种花28增产21.5%和12.2%，居第二位和第一位。

4. 栽培技术要点

该品种适于河南省各地套种，特别适于豫北、豫南、豫西中小果花生区种植。适于麦套夏播，也可春播，麦套播时间 5 月 20 日前后，每亩 1 万穴左右，行距 33cm，株距 20cm，每穴两粒。

**（五）豫花 5 号**

1. 品种来源

开封市农林科研所以 0-15-0 × 徐州 68-4 杂交选育而成。原名开 93-13，河南省品种审定委员会 1993 年 4 月审定通过，命名为豫花 5 号。

2. 特征特性

属直立疏枝型。生育期 115 ~ 135 天，主茎高 44. 3cm，侧枝长 48. 3cm，总分枝 8. 3 个，结果枝 6. 7 个。荚果为普通大果型，单株果数 11. 6 个，百果重 280g，出仁率 71. 2%。仁为椭圆形，饱满度好，百仁重 87. 3g，仁粉红色无油斑。蛋白质 26. 4%，脂肪 50%，亚油酸含量 43. 2%，油酸含量 38. 34%。出苗整齐，苗期长势强，叶片较大，椭圆，淡绿色，对花生叶斑病和病毒病表现高抗和中抗。

3. 区试产量表现

1988 年河南省区试 7 点平均亩产籽仁 164. 98kg，较对照豫花 1 号增产 4. 99%，居第二位；1989 年 8 点平均亩产籽仁 177. 9kg，较对照豫花 1 号增产 9%，居第一位；1991 年河南省生产试验 13 点平均亩产籽仁 179. 25kg，较对照种白沙 1016 增产 34. 25%，居第二位；1992 年 9 点平均亩产籽仁 143. 16kg，较对照种白沙 1016 增产 32. 09%，居第一位。

4. 栽培技术要点

该品种适宜河南花生产区中上等肥力土地种植。春播适宜播期 4 月 20 日左右，每亩种植密度 8. 5 ~ 9 千穴，每穴两粒；麦垄套种应于5月15～20日播种，每亩种植密度9～9.5千穴，每穴两粒，高水肥地中后期注意施用植物生长调节剂控制旺长，并注意防治蚜虫和食叶性害虫。

### （六）豫花6号

1. 品种来源

河南省农业科学院经作所江苏省徐州地区农科所的7205-1×天府3号杂交后代材料7506-57中系统选育而成。原名57-9，河南省品种审定委员会1993年4月审定通过命名为豫花6号。

2. 特征特性

植株为直立疏枝型。生育期105天左右，属早熟品种。主茎高35～45cm，株型较紧凑，叶片椭圆形，深绿色。荚果为普通型中果，果嘴微锐，网纹稍深，百果重130g左右，多为两室荚果，出仁率77%～80%，饱果率80%左右。种子脂肪含量50%，蛋白质含量26.89%。该品种对花生叶斑病和病毒病属抗病斑类型，对锈病抗性也较好。

3. 区试产量表现

1990年河南省区域试验11个点平均亩产籽仁197.87kg，较对照种白沙1016增产25.04%，达极显著水平，居第一位。1991年9个点平均亩产籽仁194.75kg，较对照种白沙1016增产30.99%，达极显著水平，居第一位。

1991年河南省生产试验13个点平均亩产籽仁177.6kg，较对照种白沙1016增产33.4kg，居第三位。1992年9个点平均亩产籽仁141.75kg，较对照种白沙1016增产30.16%，居第二位。

4. 栽培技术要点

该品种适宜高水肥地夏直播或套种，夏直播适宜播期为6月10日前，麦垄套种一般在5月20日左右。种植密度一般为每亩1.2万穴，每穴两粒。行、株距以0.33m×0.17m为宜，亩用果量18kg左右。田间管理以促为主，早施肥、早浇水、早管理。

**（七）豫花 7 号**

1. 品种来源

河南省农业科学院经作所及开封县一职高合作，以开封大拖秧为母本，徐州 68-4 为父本，以有性杂交，系统选育而成。1995 年河南省品种审定委员会审定命名。

2. 特征特性

该品种为直立疏枝型，株高一般 40cm，侧枝长 45cm，总分枝数 8 条，结果枝 6 条；荚果普通型，大果，呆嘴钝，缩缢线，网纹粗稍汪，荚果大而整齐，百果平均重 230g 左右，符合外贸出口要求，且商品率高；籽仁为椭圆形，呈粉红色，百仁重 95g 左右，出仁率 70.8%～77.1%。种子脂肪含量 54.62%，蛋白质含量 28.59%。该品种高产、早熟，适合麦垄套种，生育期 120 天左右；植株长势稳健，结果集中，抗病性、休眠性较强，且抗旱、耐涝。

3. 区试产量表现

1992～1994 年参加河南省花生区试。3 年平均荚果、籽仁产量均居参试品种之首，分别比比照豫花 1 号增产 14.5% 和 20.87%。1993～1994 年参加河南省和产试验，两年平均荚果、籽仁产量仍居首位，分别比对照豫花 1 号增产 7.4% 和 11.8%。1994 年参加全国（北方区）麦套花生区试，产量仍名列前茅，籽仁产量平均比对照鲁花 9 号增产 7.6%。在各地的示范及试种中，出现了许多亩产超 500kg 的高产典型。

4. 栽培技术要点

该品种适宜于麦垄套种，但春播更能发挥其增产潜力，春播播期一般 4 月下旬或 5 月上旬，麦垄套种播期在 5 月 5 日左右。一般在套播时密度以每亩 1 万穴，每穴两粒为宜，在春播或高肥水条件下，亩种植密度可适当降至 9 千穴。在麦垄套种的情况下，麦收后应及时灭茬，并结合中耕追施少量提苗肥，促苗早发，高产田块中后期谨防旺长倒伏，并注意养根护叶，加强叶斑病防治。

**（八）豫花8号**

1. 品种来源

河南省农业科学院经作所用7410-9-4-1具有优质基因源的优良品系作母本，豫花1号号为父本杂交选育而成。原名郑8125-17，1996年经河南省农作物品种审定委员会审定命名。

2. 特征特性

属直立疏枝型品种，生育期120天左右。一般株高41.5cm，侧枝长46.4cm，总分枝10.5个；叶片椭圆形、绿色中等大小；荚果普通型，果嘴锐，网纹深，果皮薄，整齐，百果重205.4g；籽仁粉红色，椭圆形，百仁重85.6g。蛋白质含量高达31.05%，高于国家优质花生品种蛋白质含量30%的标准；脂肪含量53.06%，出仁率75%左右，经济系数高，商品性好。对叶斑病有较好的抗性。

3. 区试产量表现

在1998～1990年的品系鉴定及多点试验中籽仁亩产量为139.0～186.3kg，比对照种豫花1号增产20%以上，比花28增产19.12%。1992～1994年河南省麦套花生区试中，籽仁亩产量168.3～187.6kg，比对照豫花1号增产9.18%～10.36%，3年平均籽仁亩产量177.5kg，比对照豫花1号增产10%。1993～1994年河南省生产试验中，籽仁亩产量130.3～143.1kg，平均亩产136.7kg，比对照种豫花1号增产8.78%。1994年在小面积攻关中亩产达到523kg。

4. 栽培技术要点

该品种适宜于麦垄套种种植，适宜播期为5月20日左右；春播更能发挥增产潜力，适宜播期为4月下旬或5月上旬，地膜覆盖可提早到4月中旬。中等肥力田块一般亩种植密度10 000

穴，每穴两粒。春播或高肥水田块，可适当减小密度。高产田块要抓好化控措施，植株高度控制在40cm左右，谨防植株旺长倒伏。后期注意养根护叶，促进果实发育充实。

**（九）豫花9号**

1. 品种来源

河南省濮阳农业科学研究所以濮阳513做木本，豫花2号做父本杂交选育而成。原名濮花10号，1996年经河南省品种审定委员会审定通过，命名为豫花9号。

2. 特征特性

属直立密枝型。株高中等，株丛大，总分枝8～9条，结果枝4～5条。麦套生育期110～120天，属早熟品种。荚果为普通型大果，百果重250 g左右，网纹粗，籽仁椭圆形，粉红色，色泽鲜艳，无裂纹，无油斑，百仁重94 g左右，出仁率70%～73%。该品种出苗整齐，长势强，不早衰，叶片椭圆形，绿色，交替开花型，花期较长，花早针齐果多，结实性强，结果较集中，双仁果多，产量结构合理，荚果籽仁饱满、整齐、美观、商品性好，符合大花生果仁出口标准。后期主茎青叶较多，光能利用率高，抗旱、耐涝性强、适应性广，较抗叶部多种病害，耐重茬。

3. 区试产量表现

1994年参加全国北方区麦套花生品种区试，5省10处试验平均亩产荚果278. 8kg，籽仁196. 1kg，较对照种鲁花9号分别增产12. 14%和8. 27%，荚果、籽仁均居第一位，且均较对照增产达极显著标准。其中，麦套亩产荚果最高达392. 9kg，籽仁277. 9kg；亩产荚果超250kg的点占70%。1995年参加河南省区试，9点平均亩产荚果246. 9kg，籽仁179. 7kg，分别较对照种豫花1号增产9. 1%和11. 3%，荚果居第二位，籽仁居第三位。同年，参加省生产示范试验，9点平均亩产荚果233. 36kg，籽仁

165.01kg，分别较对照种增产9.34%和10.59%，荚果居第一位，籽仁居第二位。1996年参加河南省区试，8点平均荚果253.68kg，籽仁180.09kg，分别比对照种豫花1号增产8.18%和9.60%。

4. 栽培技术要点

该品种适宜在河南、河北、山东等省麦套种植，也可作为春播早熟品种栽培。麦套适宜播期为5月15~25日，亩种植密度1万穴，每穴两粒。春播时期在5月1日前后，亩种植密度9千穴左右，每穴两粒。注意加强肥水管理，高产田若株高超过40~45cm。有旺长趋势时，应及时喷施烯效唑进行控旺放倒。

### （十）豫花10号

1. 品种来源

河南省开封市农林科学研究所选育，以8001①做母本，锦交四号做父本杂交选育而成。原名KJ-1，1997年通过河南省农作物品种审定委员会审定，1999年通过北京市农作物品种审定委员会审定，2000年通过国家农作物品种审定委员会审定。

2. 特征特性

该品种全生育期春播130天左右，麦套120天左右。直立疏枝型大花生，连续开花。主茎高40.3cm，侧枝长45.7cm，总分枝6.6个，结果枝4.3个。叶片为椭圆形、呈绿色。单株果数12.0个，单株生产力17.0g。荚果曲棍形，一室率21.7%，二室果率62.7%，三室荚果率15.6%，饱果率69.3%。百果重201.5g。籽仁椭圆形稍长，种皮浅粉红色，无油斑。百仁重84.3g。出仁率73.4%。出苗整齐，苗期长势强，后期不早衰、有效叶面积大。籽仁蛋白质（干基）含量31.10%，脂肪（干基）含量46.64%。该品种对病毒病、枯萎病、锈病、叶斑病抗性均较好。抗旱性中等，抗涝性稍弱。

3. 区试产量表现

全国北方春播区试验，1994 ~ 1996 年三年平均亩产 161.3kg，较对照鲁花 9 号增产 7.5%。1994 年及 1997 ~ 1998 年参加北京市区试验，三年平均亩产 204.7kg，比对照花 37 增产 20.0%。1995 ~ 1996 年河南省生产试验，两年平均亩产 167.3kg，比对照增产 7.25%。1997 ~ 1998 年北京市生产试验，两年平均亩产 293.9kg，比对照增产 11.1%。

4. 栽培技术要点

（1）播期、密度适宜春播和麦套种植，春播覆盖地膜应于 4 月下旬至 5 月上旬播种，套播 5 月中旬前后播种，每亩 9 000 ~ 11 000穴，每穴两粒。

（2）促控结合要施足底肥，开花期追施氮肥（尿素每亩 20kg）。高水肥地块注意控徒长，结合水肥管理喷洒生长调节剂，将株高控制在 50cm 左右。

（3）适时收获。当饱果率达到 70% 左右时及时收获，避免荚果发芽。

适宜种植地区：适宜在河南、北京大花生产区推广种植。

**（十一）豫花 11 号**

1. 品种来源

河南省农业科学院棉花油料作物研究所选育，以抗青 10 做母本，鲁花 3 号做父本杂交选育而成。原名郑 8506-A-4-1，1998 年通过河南省农作物品种审定委员会审定。

2. 特征特性

中间型品种，植株直立疏枝，一般主茎高 40 ~ 47cm，侧枝长 45 ~ 51cm，总分枝 7 ~ 10 条，结果枝 6 ~ 8 条，单株结果数 10 ~ 13 个。叶片长椭圆形，深绿色，中等大小。荚果为普通型，果嘴微锐，网纹细浅，多为二室果，百果重 221.1g 左右。籽仁椭圆形，粉红色，百仁重 92.5g 左右，0.5kg 果数 324.9 个，

0.5kg仁数662.1个。出米率74.3%。套种生育期120天左右，春播134天左右。平均蛋白质含量23.90%，脂肪含量52.15%。抗叶斑病和锈病，耐病毒病。

3. 区试产量表现

1998~1999年参加全国（北方区）春播中熟组花生区域试验。1998年平均亩产荚果276.96kg，籽仁201.49kg，分别比对照鲁花9号增产9.13%和11.68%；1999年平均亩产荚果253.55kg，籽仁241.14kg，分别比对照鲁花9号增产5.20%和5.14%。两年平均亩产荚果266.03kg，籽仁221.32kg，分别比对照鲁花9号增产7.32%和8.41%。2000年生产试验，平均亩产荚果290.7kg，籽仁211.6kg，分别比对照鲁花9号增产6.9%和6.9%。

4. 栽培技术要点

麦垄套种在5月20日左右；春播在4月底至5月初，地膜覆盖栽培可提前到4月15日左右。以每亩8 000~10 000穴，每穴两粒为宜，可根据地力、种植方式适当调整。麦垄套种花生，麦收后要及时中耕灭茬，早追肥（每亩尿素15kg），促苗早发；中期，高产田块要抓好化控措施，防旺长倒伏；后期应注意旱浇涝排，适时进行根外追肥，补充营养，促进果实发育充实。

经审核，该品种符合国家花生品种审定标准，通过审定。适于在河南西北部、江苏北部、河北北部、陕西关中地区种植。

**（十二）豫花12号**

1. 品种来源

河南省开封市农林科学研究所选育。以风沙4号为母本，锦-4为父本杂交育成。原名开7541，1999年河南省农作物品种审定委员会审定。

2. 特征特性

豫花12号为直立疏枝珍珠豆型花生新品种，叶圆形，中大，淡绿色，连续开花，开花集中。生育期110天左右。出苗整齐，苗期长势强，后期不早衰。主茎高41.5cm，侧枝长48.1cm，总分枝6.6个，荚果茧形，网纹较粗，果嘴稍明显，双仁果率高，百果重156.56g，平均500g果数314.13个。果仁桃形，粉红色，饱满度好，种皮平展，质地细腻，无油斑，食用口感好，百仁重72.2g，出仁率72.28%。据测定，该品种蛋白质（干）含量28.9%，脂肪（干）含量53.22%，均高于国家标准；油酸含量41.4%，亚油酸含量36.9%，其比值为1.12，耐贮存。该品种抗叶斑病、锈病、网斑病、病毒病及枯萎病等，且不早衰。

3. 区试产量表现

1997年参加河南省生产试验，10个试点汇总，该品种平均产量252.12kg/亩，籽仁产量146.64kg/亩，分别比白沙1016增产23.39%和22.26%。1998年5个试点汇总，平均产量224.75kg/亩，比白沙1016增产11.6%；籽仁平均产量156.94kg/亩，比白沙1016增产10.65%。两年区试均居首位。

4. 栽培要点

该品种适宜夏直播和麦套种植，夏直播应于6月15日前，麦套于5月15～20日播种。夏直播密度为11 000～12 000穴，麦套密度为9 000～10 000穴，每穴两粒。该品种长势强，发育快，在施足底肥的基础上，应注意增施磷钾肥，酌情施用氮肥。高水肥地块及雨水充足年份注意化控调节，成熟后及时收获，防止迟收降低品质。

**（十三）豫花13号**

1. 品种来源

河南省濮阳市农业科学研究所选育。以濮阳513为母本，濮阳77-4为父本杂交育成。原名濮花7号，1999年河南省农作物品种审定委员会审定。

2. 特征特性

豫花13号为普通型密枝直立早熟大花生。出苗整齐，发棵早，根系发达，长势强。一般株高39.5cm，侧枝长45.0cm，总分枝9.9条，结果枝5.6条，单株结果数10.7个。叶片椭圆形，深绿色，中等大小。交替开花，花期较长，花早针齐果多，结实性强，攻果快。荚果普通型，果嘴微锐，壳薄、整齐、饱满，多为双仁果，百果重210g。籽仁淡红色，椭圆形，有光泽，无裂纹，商品性好，百仁重85g，出米率为73.2%，饱果率高达90%。据农业部农产品质量监督检验测试中心（郑州）测试，豫花13号籽仁蛋白质含量25.88%，脂肪含量52.46%，油酸、亚油酸含量分别为41.4%和37.7%，比值为1.10；其亚油酸含量超过国家“九五”花生育种攻关指标，属营养保健型优质花生。据河南省农科院植保所1991~1998年抗病性鉴定结果，豫花13号，叶斑病1~2级，锈病0~2级，病毒病0~1级，网斑病0~2级，为抗病品种。据农业部油料作物遗传改良重点实验室抗旱性鉴定结果，豫花13号抗旱存活株率99%，达高抗水平。

3. 区试产量表现

该品种区试荚果产量250~350kg/亩，比对照增产10%~15%。最高产量可达500kg/亩。

豫花13号为早熟品种，适宜麦垄套种，春播、夏播也可。该品种抗旱性强，稳产性好，适应性广，抗病耐瘠，适合河南省各地及我国西部干旱缺水地区种植。

4. 栽培要点

（1）合理密植。麦套种植出苗后处在小麦遮阴下，分枝较少，花芽分化少，单株结果数比春花生少。因此，要适当增加密度，营造合理群体结构。一般肥力地块10 000穴/亩；高水肥地块9 000穴/亩；晚播或旱薄地12 000穴/亩。每穴均为两粒。小麦行距 18cm 的麦田，采取“两垄靠”，种两行隔 1 行，穴距 24.7cm，能有效地利用土地、空间和光能，便于田间管理，并能充分利用和发挥个体生长优势，增加单株结果数，提高花生单产。

(2) 适时套种。根据小麦长势、土壤墒情，适时早套，以 5 月 10～20 日为宜，适播期内，薄地宜早，肥地宜晚，雨后抢种。麦套花生生育期短，生长发育快，必须争取一播全苗，达到苗匀、苗齐、苗壮。种子要精选饱满色鲜的一级籽仁。强调足墒播种，有雨适时抢种，无雨造墒播种，可以先浇后种，也可先种后浇，播深 3～5cm，覆土均匀一致。

(3) 加强田间管理。麦收后，要及时中耕灭茬，除草保墒，松土增温，促进花生侧枝早生快发、花芽分化和根系发育。一般中耕 3～4 次。始花前可结合中耕追施农家肥 1 000kg/亩，尿素 10kg/亩，过磷酸钙 30kg/亩，促苗早发。中后期缺肥可喷施 0.2% 磷酸二氢钾和 1% 尿素 2～3 次。后期遇雨要及时排除田间积水。

(4) 及时防治病虫鼠害。麦收后遇旱，蚜虫、红蜘蛛常大量发生，可用 40% 乐果乳剂 1 000倍液叶面喷施。棉铃虫，可用 50% 辛硫磷 1 500倍液喷杀。地下害虫蛴螬发生严重的地块可在花生地四周种植蓖麻诱杀。叶斑病可用 50% 多菌灵可湿性粉剂 1 000倍液叶面喷施。7～10 天喷 1 次，连喷 2～3 次。防治鼠害可用敌鼠害钠盐拌毒饵诱杀。

**(十四) 豫花 14 号**

1. 品种来源

河南省农业科学院棉花油料作物研究所选育。1985 年以抗青 10 号为母本，鲁花 3 号为父本杂交育成。原名郑 8506-A-6-A，1999 年河南省农作物品种审定委员会审定；2002 年全国农作物品种审定委员会审定。

2. 特征特性

株型直立，株高 39.7cm，侧枝长 44.7cm，总分枝 8 条，结果枝 6 条，单株果数 10.8 个。属珍珠豆型中粒早熟品种，夏播生育期 110 天左右，叶片倒卵形，深绿色，中大。荚果为茧形，百果重 166.7g，种皮粉红色、籽仁桃形，百仁重 63.0 g，出仁率 75.62%。蛋白质含量 28.94%，粗脂肪含量 51.03%，油酸含量 35.7%，亚油酸含量 42.58%，油酸/亚油酸比值 0.84。抗叶斑病、锈病、病毒病，高抗青枯病。

3. 区试产量表现

1998～1999 年参加全国（北方区）夏播组花生区域试验，两年 13 点平均单产荚果 233.4kg/亩，籽仁 172.6kg/亩，分别比对照鲁花 12 号增产 0.03% 和 5.36%。

4. 栽培要点

麦收后要抢时早播，一般不应晚于 6 月 15 日，最好在 6 月 10 日前播种结束。有条件的地方，整地前要施足底肥，足墒播种，争取一播全苗。一般水肥地以每亩 1 万～1.2 万穴，每穴两粒为宜。旱薄地要加大密度，最低保持在 1.2 万穴/亩。高肥水地块适当减至 1 万穴/亩左右。田间管理以促为主，促控结合。

适宜种植区域：适于河南、安徽等小花生产区种植。

**（十五）豫花 15 号**

1. 品种来源

河南省农科院棉花油料研究所以徐 7506-57 为母本，P12 为父本杂交选育而成。原名郑 86036-26-1，2000 年河南省农作物品种审定委员会审定；2001 年通过北京市审定。

2. 特征特性

早熟大粒型花生品种，春播地膜覆盖生育期为 128～131 天，植株为直立疏枝型，连续开花，出苗整齐，叶椭圆形，深绿色。苗期长势强，后期不早衰，植株较矮，抗倒伏，主茎高 34～

40.5cm，侧枝长36.9～42cm，有效枝长7.0～20.4cm，分枝数7～8个，结果枝数5～6个，单株饱果数13个，饱果率79.7%，单株生产力21g。荚果普通型，百果重210.8g，百仁重99.3g，籽仁为椭圆形，种皮呈粉红色，出米率73.9%～77.4%。抗旱性中等，抗枯萎病、锈病，中抗叶斑病。蛋白质含量25.10%，脂肪含量56.16%。

3. 区试产量表现

区试荚果产量317.67kg/亩，籽仁产量242.94kg/亩。

4. 栽培要点

春播花生在4月下旬或5月上旬播种。密度1万～1.1万穴/亩，每穴两粒，高肥水条件下0.9万穴/亩。加强田间管理，注意苗期病虫害防治；中期应看苗管理促控结合，高产田块要谨防旺长倒伏（一般在盛花后期防控）；后期注意养根护叶，及时通过叶面喷肥补充营养，并加强叶部病害防治；成熟后及时收获，谨防田间发芽。

适宜种植区域：适宜河南、北京地区春播种植。

**（十六）豫花16号**

1. 品种来源

河南省濮阳市农业科学研究所选育。以鲁花9号为母本，濮花9号为父本杂交育成。原名濮花12号，2000年河南省农作物品种审定委员会审定。

2. 特征特性

豫花16号为直立大果型品种，生育期110～120天，百果重217.0g，百仁重91.0g，出仁率71.4%。据测定，该品种籽仁蛋白质含量24.09%，脂肪含量53.72%。该品种早熟、高产、抗病、结实性好、壳薄、果形美观且均匀一致。

3. 区试产量表现

1997～1998年参加河南省麦套花生区试，两年汇总平均亩产荚果283.0kg，籽仁亩产量204.9kg，分别比对照种豫花一号增产8.18%和15.36%。1999年参加河南省生产试验，7个试点汇总，平均亩产荚果274.5kg，籽仁亩产量192.0kg，分别比对照种豫花一号增产13.92%和15.73%。

4. 栽培技术要点

该品种适宜麦套栽培，于5月15~20日播种。适宜密度为9 000~10 000穴，每穴两粒。小麦行距18cm的麦田，采取“两垄靠”播种，即种两行隔1行，穴距24.7cm左右，播深3~5cm，覆土要均匀一致。播后灌水，确保一播全苗。麦收后及时中耕除草、保墒，始花前结合中耕亩追施筛细的农家肥1 000kg，尿素8kg，过磷酸钙30kg，中后期可喷施0.2%的磷酸二氢钾和1%的尿素溶液2~3次。7月下旬对有旺长趋势的田块进行化控，并及时防治病虫鼠害，成熟后适时收获。

**（十七）郑8159-1（预审花2001001号）**

1. 品种来源

郑州市农林科学研究所选育，以新城早为母本，69-14-4为父本杂交选育而成。

2. 特征特性

该品种属中间型品种，生育期115天。植株直立密枝，株高46.8cm，总分枝10.8条，叶片窄小上举，深绿色。荚果普通型，果嘴钝，网纹粗浅，百果重200.8g，籽仁粉红色，椭圆形，百仁重85.6g，出米率70.1%。籽粒蛋白质27.32%，脂肪52.81%，油酸47.8%，亚油酸34.8%，对网斑病、叶斑病、锈病较抗，耐病毒病，抗枯萎病。

3. 区试产量表现

1997年参加河南省花生区试，平均亩产荚果307.86kg、籽仁221.43kg，分别比对照豫花1号增产6.01%和9.16%。1998年继续试验平均亩产荚果250.65kg，籽仁173.58kg，分别比对照豫花1号增产5.96%和11.76%。1999年河南省生产试验，平均亩产荚果251.0kg，籽仁180.68kg，分别比对照豫花1号增产4.15%和8.84%。

4. 栽培技术要点

麦垄套种5月20日左右，夏直播于6月10日前播种。每亩密度10 000～11 000穴左右。管理采取前促中控后补，麦垄套种要趁墒早播，麦收后及时中耕灭茬，花期每亩追施尿素15kg或复合肥20kg，当植株高35cm以上或盛花后期防止旺长倒伏，生育后期注意浇水。

适宜种植地区：适宜河南省各地麦套和夏直播种植。

**（十八）开农30（豫审花2001002号）**

1. 品种来源

开封市农林科学研究所选育，以开83-3为母本，鲁花9号为父本杂交选育而成。

2. 特征特性

该品种属中早熟品种，生育期130天左右。株型直立、疏枝、连续开花。主茎高53.0cm，侧枝长54.2cm，总分枝9.9个，叶片深绿色，长椭圆形。荚果普通型，果嘴稍显，百果重220g，麦套种植出仁率70.2%，春播73.6%，籽仁为椭圆形，种皮呈粉红色。百仁重89.5g，脂肪53.36%，籽粒蛋白质23.65%，油酸36.6%，亚油酸34.3%。高抗病毒病和枯萎病，抗叶斑病和网斑病，轻感锈病。

3. 区试产量表现

1997年参加河南花生区试，平均荚果亩产319.8kg、籽仁亩产227.55kg，分别比对照豫花1号增产10.12%和12.18%。1998年继续试验平均荚果亩产244.22kg，籽仁亩产167.08kg，分别比对照豫花1号增产3.24%和7.57%。1999年继续试验河南省生产试验，荚果亩产263.71kg、籽仁亩产189.14kg，分别比对照豫花 1 号增产 9.43% 和 13.93%。

4. 栽培技术要点

春播于 4 月下旬播种，地膜覆盖适当提前，麦垄套种于 5 月 15～20 日播种。春播每亩 8 000～8 500穴，麦套每亩 9 000～9 500穴，每穴两粒。基肥以农家肥或氮、磷、钾复合肥为主，辅以微量元素肥料。初花期可酌施尿素或硝酸磷肥 10～15kg，盛花期喷洒植物生长调节剂，株高控制在 45～50cm，生育期间注意防治蚜虫、棉铃虫和蛴螬等害虫为害。

适宜种植地区：适宜春播和麦套种植，尤其适宜河南省中北部大果花生区种植。

**（十九）开农 8598（豫审花 2002001）**

1. 品种来源

开封市农林科学研究所选育以白沙 1016 为母本，豫花 3 号为父本杂交选育而成。

2. 特征特性

该品种属直立疏枝型品种，生育期 105 天左右。连续开花，主茎高 40cm，侧枝长 44cm，分枝数 6.6 个左右，结果枝 4.9 条，单株饱果数 6.7 个，饱果率 65%，单株生产力平均 11.3g。荚果为珍珠豆形，百果重 187.7g，每 500g 荚果数 376.5 个，出仁率 73.9%。籽仁桃形，粉红色，百仁重 70g，每 500g 仁数 889 个。籽粒蛋白质 28.08%，粗脂肪 52.35%，油酸 36.24%，亚油酸 39.24%。中抗花生叶斑病、锈病和网斑病。

3. 区试产量表现

1999 年参加河南省优质白沙型夏播花生区试，平均亩产荚果 201.78kg、籽仁 150.78kg，分别比对照白沙 1016 增产 6.78% 和 11.48%。2000 年继续试验，平均亩产荚果 188.62kg、籽仁 140.35kg，分别比对照白沙 1016 增产 13.99% 和 18.14%。2000 年参加生产试验，平均亩产荚果 225.93kg、籽仁 157.73kg，分别比对照白沙 1016 增产 13.21% 和 15.01%。2001 年继续试验，平均亩产荚果 243.0kg、籽仁 181kg，分别比对照白沙 1016 增产 14.9% 和 17.2%。

4. 栽培技术要点

播种期 6 月 10 日左右，每亩 1.0 万～1.1 万穴，每穴两粒。以农家肥或氮、磷、钾复合肥为主，辅以微肥。初花期可酌情追施尿素或硝酸磷肥 10～15kg/亩。切忌花针期缺水，影响开花下针结果。盛花期应酌情喷施植物生长调节剂控制生长。生育期间及时防治花生叶斑病、蚜虫等病虫害。

适宜种植地区：适宜河南省各地花生产区作夏播种植。

**（二十）远杂 9102（豫审花 2002002）**

1. 品种来源

河南省农业科学院棉油所选育，以白沙 1016 为母本，A 为父本杂交选育而成。

2. 特征特性

该品种属珍珠豆型，夏播生育期 100 天左右。植株直立疏枝，连续开花，主茎高 25～30cm，侧枝长 34～38cm，总分枝 8～10 条，结果枝 5～7 条。叶片椭圆形，微皱，深绿色。荚果茧形，果嘴钝，网纹细深，百果重 165g。籽仁桃形，粉红色种皮，有光泽，百仁重 66g，出米率 73.8%。粗脂肪含量 57.4%，籽粒粗蛋白含量 24.15%，油酸含量 41.1%，亚油酸含量 37.17%。高抗花生青枯病，抗花生叶斑病、锈病、网斑病和病毒病。

3. 区试产量表现

1999 年参加河南省优质白沙型夏播花生区域试验，平均亩产荚果 222.24kg、籽仁 162.68kg，分别比对照白沙 1016 增产 18.15% 和 21.36%。2000 年继续试验，平均亩产荚果 201.78kg、籽仁 147.84kg，分别对照白沙 1016 增产 21.94% 和 24.44%。

2000 年参加生产试验，平均亩产荚果 233.93kg、籽仁 172.06kg，分别比对照白沙 1016 增产 23.19% 和 25.45%。2001 年继续试验，平均亩产荚果 241kg、籽仁 180kg，分别比对照增产 14% 和 17%，

4. 栽培技术要点

播种期 6 月 10 日左右，密度 1.2 万 ~1.4 万穴/亩。播种前施足底肥，生育期间及时中耕，花针期切忌干旱，生育后期注意养根护叶，及时收获。

适宜种植地区：适宜河南花生区夏播种植，尤其适合在青枯病重发区推广。

**（二十一）开农 36（豫审花 2002003）**

1. 品种来源

开封市农林科学研究所选育，以开 8425 为母本，p372577 为父本杂交选育而成。

2. 特征特性

该品种属直立疏枝型品种，生育期 125 天左右。连续开花，主茎高 47cm，侧枝长 50.35cm，分枝数 9.0 个左右，结果枝 6.6 个左右，单株饱果数 6.6 个，饱果率 70.3%，单株生产力平均 14.2g。荚果为普通型，百果重 216g，每 500g 荚果数 327 个。出仁率 72.7%，籽仁椭圆形，粉红色，百仁重 86.9g，每 500g 果仁数 697 个。粗蛋白含量 22.49%，粗脂肪含量 54.82%，油酸含量 41.84%，亚油酸含量 35.04%。高抗花生叶斑病和锈病，中抗花生网斑病。

3. 区试产量表现

1999 年参加河南省麦套花生区域试验，平均亩产荚果 295.43kg、籽仁 216.16kg，分别比对照豫花 8 号增产 6.68% 和 7.64%。2000 年继续试验，平均亩产荚果 230.37kg、籽仁 163.45kg，分别比对照豫花 8 号增产 6.87% 和 5.65%。2001 年

参加河南省麦套花生生产试验，平均亩产荚果 286.0kg、籽仁 211.6kg，分别比对照豫花 8 号增产 7.5% 和 8.2%。

4. 栽培技术要点

春播于 4 月下旬播种，麦垄套种于 5 月中旬播种。春播每亩 8 000～8 500穴，麦套每亩 9 000～9 500穴，每穴两粒。基肥应以农家肥或氮、磷、钾复合肥为主，辅以微肥。初花期可酌情追施尿素或硝酸磷肥 10～15kg/亩。在连续干旱花生叶片萎蔫至 16～17 小时仍不能恢复时应及时灌溉，补充土壤水分。高水肥地块或雨水充足时要控制旺长，于盛花期喷洒植物生长调节剂将株高控制在 45cm 左右。注意防治蚜虫、棉铃虫、蛴螬等害虫及鼠害。

适宜种植地区：适宜河南省各地春播和麦套种植。

**（二十二）濮花 16（豫审花 2002004）**

1. 品种来源

河南省濮阳是农业科学研究所选育，以濮阳 513 为母本，豫花 1 号为父本杂交选育而成。

2. 特征特性

该品种属密枝直立型品种，生育期 120 天左右。主茎高 40.4cm，侧枝长 46.0cm，总分枝 6.7 条。荚果为普通型大果，百果重 248.7g，壳薄整齐，个大皮白，结实饱满，双仁果多。籽仁桃形，粉红色，色泽鲜艳。百仁重 98.0g，出米率 72.55%。粗蛋白含量 27.70%，粗脂肪含量 48.47%，油酸含量 42.98%，亚油酸含量 34.98%。高抗花生锈病，中抗叶斑病、网斑病。

3. 区试产量表现

1999 年参加河南省麦套花生区试，平均亩产荚果 302.07kg、籽仁 223.44kg，分别对照豫花 8 号增产 9.42% 和 12.43%。2000 年继续试验，平均亩产荚果 245.47kg、籽仁 175.03kg，分别比对照豫花 8 号增产 12.99% 和 12.43%。2001 年参加河南省麦套花生生产试验，平均亩产荚果 314.0kg、籽仁 228.0kg，分别比对照豫花 8 号增产 18.0% 和 16.6%。

4. 栽培技术要点

麦垄套种 5 月 20 日左右，密度 10 000穴/亩；春播 5 月 1 日前后，密度 8 000 ~9 000穴/亩。麦收后应及时中耕灭茬，早追苗肥，促苗早发。高产地块株高超过 40cm，应及时喷施控旺防倒。后期注意养根护叶，及时收获。

适宜种植地区：适宜河南省各地麦垄套种或春播种植。

**（二十三）濮花 17（豫审花 2002005）**

1. 品种来源

河南省濮阳是农业科学研究所选育，以抗青 10 号为母本，郑 8506-A6-1 为父本杂交选育而成。

2. 特征特性

该品种属珍珠豆形早熟品种，生育期 105 天左右。直立疏枝，主茎高 34.4cm，侧枝长 39.5cm，总分枝 6.4 条，结果枝 4.8 条。荚果为茧形，百果重 153.3g，饱果率高，壳薄整齐，双仁果多，出米率 74.0%。籽仁桃形，粉红色，色泽鲜艳，百仁重 64.9g，籽粒粗蛋白含量 29.69%，粗脂肪含量 51.72%，油酸含量 35.56%，亚油酸含量 40.52%。中抗花生锈病、叶斑病和网斑病。

3. 区试产量表现

1999 年参加河南省优质白沙型夏播花生区试，平均亩产荚果 207.06kg、籽仁 152.38kg，分别比对照白沙 1016 增产 9.5% 和 12.85%。2000 年继续试，平均亩产荚果 184.81kg、籽仁 133.25kg，分别比对照白沙 1016 增产 11.68% 和 12.16%。2000 年参加河南省花生生产试验，平均亩产荚果 239.07kg、籽仁 174.41kg，分别比对照白沙 1016 增产 25.89%。2001 年继续试验，平均亩产荚果 237.0kg、籽仁 179.9kg，分别比对照白沙

1016增产12.3%和16.5%。

4. 栽培技术要点

一般在6月10日前播种，要施足底肥，足墒播种，争取一播全苗。水肥地每亩1.0万~1.2万穴，每穴两粒，旱薄地要加大密度，每亩不低于1.2万穴，高水肥地每亩不超过1.0万穴。田间管理以促为主，促控结合，早中耕灭茬、追肥，促苗早发。高产田块在中后期要抓好化控措施，防止旺长倒伏，后期及时根外追肥、补充营养，注意防治叶部病害，促进荚果发育充实。

适宜种植地区：适宜河南省各花生区推广种植。

**（二十四）濮科花1号（濮8908）（豫审花2003001）**

1. 品种来源

河南省濮阳是农业科学研究所选育，以濮花9号为母本，鲁花9号为父本杂交选育而成。

2. 特征特性

该品种属直立疏枝大果型，生育期120天左右。连续开花，荚果发育快，饱果率49.85%，主茎高42.5cm，叶色淡绿色，叶大小中等，结果枝数6.3条。荚果普通型，缩缢浅，果嘴锐，结果数14.35个，百果重206.9g，出仁率74.2%，籽仁为椭圆形，种皮呈粉红色，种皮表面有光泽，质地酥脆，适口性好，百仁重83.1g。籽粒蛋白质24.80%，粗脂肪53.72%，油酸48.21%，亚油酸29.39%，油酸、亚油酸比值高达1.64。高抗锈病，中抗叶斑病和网斑病。

3. 区试产量表现

1999年参加河南省麦套花生区域试验，平均亩产荚果291.2kg，亩产荚果291.2kg，亩产籽仁217.27kg，分别比对照豫花8号增产4.41%和18.06%。2000年继续试验，亩产荚果236.46kg，平均亩产籽仁167.8kg，分别比对照豫花8号增产9.22%和10.57%。2001年参加河南省麦套花生生产试验，平均亩产荚果 290. 0kg，比对照种豫花 8 号增产 9. 5%。2002 年继续试验，亩产荚果 306. 1kg，比对照品种豫花 8 号增产 10. 7%。

4. 栽培技术要点

播种期：麦垄套种 5 月 20 日左右，春播 5 月 1 日前；麦套密度 10 000穴/亩，春播密度 8 000～9 000穴/亩；麦套花生麦收后，应及时中耕灭茬，早追苗肥，促苗早发。高产地块，7 月下旬若株高超过 40cm，应及时控旺防倒。后期注意养根护叶，及时收获。

适宜种植地区：适宜在河南省各地种植。

**（二十五）豫花 9327（豫审花 2003002）**

1. 品种来源

河南省农业科学院棉花油料作物研究所选育，以郑 8710-11 为母本，郑 86036-19 为父本杂交选育而成。

2. 特征特性

该品种属直立疏枝型，生育期 110 天左右。连续开花，荚果发育充分，饱果率高，主茎高 33～40cm，叶片椭圆形，叶色灰绿色，较大，结果枝数 6～8 条。荚果为斧头型，前室小，后室大，果嘴略锐，网纹粗、浅，结果数为每株 20～30 个，百果重 170g，出仁率 70. 4%，籽仁为三角形，种皮呈粉红色，种皮表面光滑，百仁重 72g。籽粒蛋白质含量 26. 23%，粗脂肪含量 52. 31%，油酸含量 40. 14%，亚油酸含量 36. 08%。高抗网斑病，抗叶斑病、锈病、病毒病，抗旱性、耐性强。

3. 区试产量表现

2000 年参加河南省夏播花生区域试验，平均亩产荚果 214. 72kg，亩产籽仁 147. 72kg，比对照豫花 6 号增产 19. 19% 和 13. 94%。2001 年平均亩产荚果 262. 47kg，亩产籽仁 190. 02kg，比对照豫花 6 号增产 14. 86% 和 11. 55%。2002 年参加河南省夏播花生生产试验，平均亩产荚果 282. 6kg，亩产籽仁 210. 3kg，分别比对照种豫花 6 号增产 13. 4% 和 11. 7%。

4. 栽培技术要点

适宜播种期：6 月 10 日以前，每亩 12 000 穴左右，每穴两粒，根据土壤肥力高低可适当增减。播种前施足底肥，苗期要及早追肥，生育前期及中期以促为主，花针期切忌干旱，生育后期注意养根护叶，及时收获。

适宜种植地区：适宜在河南省各地种植。

**（二十六）开农 37（豫审花 2003003）**

1. 品种来源

开封市农林科学研究所选育，以豫花 7 号为母本，豫花 1 号为父本杂交选育而成。

2. 特征特性

该品种属直立疏枝型，生育期 115 天左右。连续开花，荚果发育快，饱果率 69. 9%，主茎高 43. 8cm，叶色淡绿，叶片中大，结果枝数 7.2 个。荚果普通型，缩缢稍显，果嘴稍钝，结果数 13 个，百果重 190. 4g，出仁率 73. 2%，籽仁为椭圆形，种皮呈粉红色，种皮表面光滑，百仁重 79. 1g。蛋白质含量 25. 92%，粗脂肪含量 50. 1%，油酸含量 38. 66%，亚油酸含量 37. 56%。高抗枯病，中抗叶斑病、锈病和网斑病。

3. 区试产量表现

2000 年参加河南省夏播花生区域试验，平均亩产荚果 202. 81kg、籽仁 142. 98kg，比对照品种白沙 1016 增产 12. 74% 和 9. 85%。2001 年继续试验平均亩产荚果 260. 79kg、籽仁 191. 98kg。比对照豫花 6 号增产 14. 12% 和 12. 17%。2002 年参加河南省夏播花生生产试验，平均亩产荚果 274. 8kg、籽仁 205. 60kg，平均比对照豫花 6 号增产 10. 30% 和 9. 20%。

4. 栽培技术要点

适宜播种期麦垄套种 5 月 15 ~20 日播种，夏直播 6 月 5 ~15

日播种。麦套每亩 9 000 ~ 10 000 穴，夏直播每亩 10 000 ~ 11 000穴，每穴两粒。基肥以农家肥或氮、磷、钾复合肥为主，辅以微量元素肥料。初花期可酌情追施尿素或硝酸磷肥 10 ~ 15kg/亩。该品种生育中期长势较强，高水肥地块或雨水充足时要控制旺长，将株高控制在 40cm 左右。花生生育期间，应注意防治蚜虫、棉铃虫等害虫为害。应适时收获，确保其优质和高产。

适宜种植地区：适宜在河南省各地麦套和夏直播种植。

**（二十七）豫花 9331（豫审花 2004001）**

1. 品种来源

河南省农业科学院棉油所选育，以郑 8236-6 为母本，鲁资 101 为父本杂交选育而成。

2. 特征特性

该品种属中早熟类型，全生育期 120 天左右。幼茎微红色、茎绿色，叶片椭圆形、中大、浓绿色；株型直立疏枝，主茎高 30 ~ 45cm，侧枝长 32 ~ 50cm，总分枝 6 ~ 10 条，结果枝 5 ~ 8 条，连续开花，结果数为每株 15 ~ 25 个。荚果为普通型，果嘴钝，网纹粗浅，果皮硬；百果重 230g，籽仁为椭圆形，呈粉红色，种皮表面光滑，百仁重 86g，出仁率 68.5%。2002 年经农业部农产品质量监督检验测试中心（郑州）品质分析：籽仁蛋白质含量 25.31%，粗脂肪含量 52.81%，油酸含量 43.8%，亚油酸含量 34.1%。2003 年经河南省农业科学院植保所田间抗性调查：抗叶斑病、网斑病和病毒病，高抗锈病。抗旱性强，抗倒性好。

3. 区试产量表现

2001 年参加河南省麦套花生区域试验，平均亩产荚果 308.3kg，亩产籽仁 211.9kg，分别比对照豫花 8 号增产 12.1% 和 7.8%，均达极显著水平，荚果居 9 个参试品种第一位，籽仁居9个品种第三位，8个试点全部增产。2002年继续试验，平均亩产荚果293.8kg，亩产籽仁201.3kg，分别比对照豫花8号增产11.5%和3.5%，均达极显著水平，荚果居9个参试品种第一位，籽仁居9个品种第二位，9个试点全部增产。2年17个试点平均亩产荚果300.6kg，亩产籽仁206.3kg，分别比对照豫花8号增产11.8%和5.5%。2003年河南省花生生产试验，平均亩产荚果153.3kg，亩产籽仁103.3kg，分别比对照豫花8号增产14.8%和10.7%，荚果居4个参试品种第一位，籽仁居4个品种第二位。

4. 栽培技术要点

（1）播种期：麦垄套种在5月20日左右；春播在4月下旬或5月上旬。

（2）密度：每亩10 000穴左右，每穴两粒，高肥水地每亩可种植9 000穴左右，旱薄地每亩可增加到11 000穴左右。

（3）看苗管理，促控结合：麦垄套种，麦收后要及时中耕灭茬，早追肥（每亩尿素15kg），促苗早发；中期，高产田块要抓好化控措施，在盛花后期或株高达35cm以上时及时防旺长倒伏；后期应注意旱浇涝排，适时进行根外追肥，补充营养，促进果实发育充实。

适宜种植地区：适宜在河南省各地麦套或春直播种植。

**（二十八）濮科花2号（豫审花2004002）**

1. 品种来源

濮阳市农业科学研究所选育，以濮8719-0-2-4为母本，8721-0-0-1为父本杂交选育而成。

2. 特征特性

该品种属中早熟类型，全生育期120天左右。茎绿色，叶椭圆形，淡绿色，叶片小；株型直立疏枝，主茎高35.9cm，侧枝长40.7cm，总分枝11条左右，结果枝6条左右，连续开花，结果数每株13个左右。荚果为普通型大果，果嘴锐，网纹粗深，百果重224.2g，籽仁为椭圆形、呈粉红色，种皮表面光滑，百仁重92.5g，出仁率73.5%。2002年经农业部农产品质量监督检验测试中心（郑州）品质分析：籽仁蛋白质24.78%，脂肪51.92%，油酸41.5%，亚油酸38.6%。经河南省农业科学院植保所田间抗性调查：中抗青枯病（0级）。

3. 区试产量表现

2001年参加河南省麦套花生区域试验，平均亩产荚果297.5kg，亩产籽仁216.3kg，分别比对照豫花8号增产8.2%和10.1%，均达显著水平，荚果居9个参试品种第三位，籽仁居9个参试品种第一位，8个试点7增1减。两年17点次平均亩产荚果286.0kg，籽仁210.2kg，分别比对照豫花8号增产6.3%和7.5%。2003年参加河南省花生生产试验，平均亩产荚果146.0kg，籽仁102.0kg，分别比对照豫花8号增产9.3%和9.5%，荚果居4个参试品种第三位，籽仁居4个品种第三位。

4. 栽培技术要点

（1）麦垄套种播种期5月20日左右，春播5月1日前后。

（2）麦套密度10 000穴/亩，春播密度8 000～9 000穴/亩。

（3）麦套花生麦收后应及时中耕灭茬，早追苗肥，促苗早发。高产地块，7月下旬若株高超过40cm，应及时控旺防倒。后期注意养根护叶，及时收获。

适宜种植地区：适宜河南省各地麦套和春播种植。

**（二十九）郑花5号（豫审花2004003）**

1. 品种来源

郑州市农林科学研究所选育，以鲁花3号为母本，p9815为父本杂交选育而成。

2. 特征特性

该品种属早熟类型，全生育期120天左右，茎绿色，叶片大椭圆形、浓绿色；株型直立疏枝，主茎高 34.8cm，侧枝长 39.5cm，总分枝 8 条左右，结果枝 6 条左右，连续开花，结果数每株 8 个左右。荚果为大果大粒型，发育快，果嘴微锐，网纹细浅；百果重 223g，籽仁为桃形、呈粉红色，种皮表面光滑，百仁重 90.3g，出仁率 69.2%。2002 年经农业部农产品质量监督检验测试中心（郑州）品质分析：籽仁蛋白质含量 27.39%，粗脂肪含量 52.76%，油酸含量 43.8%，亚油酸含量 33.8%。2003 年经河南省农业科学院植保所田间抗性调查：高抗叶斑病、锈病和网斑病。

3. 区试产量表现

2001 年参加河南省麦套花生区域试验，平均亩产荚果 308.5kg，亩产籽仁 213.5kg，分别比对照豫花 8 号增产 11.9% 和 8.1%，均达极显著水平，荚果和籽仁均居 9 个参试品种第二位，8 个试点全部增产。2002 年继续试验，平均亩产荚果 287.6kg，亩产籽仁 200.8kg，分别比对照豫花 8 号增产 9.2% 和 3.2%，荚果达极显著水平，籽仁达显著水平，荚果居 9 个参试品种第二位，籽仁居 9 个品种第三位，9 个试点 8 增 1 减。2 年 17 个试点平均亩产荚果 297.6kg，籽仁 206.7kg，分别比对照豫花 8 号增产 10.5% 和 6.2%。2003 年参加河南省花生生产试验，平均亩产荚果 152.7kg，亩产籽仁 105.4kg，分别比对照豫花 8 号增产 14.4% 和 12.9%，荚果居 4 个参试品种第二位，籽仁居 4 个品种第一位。

4. 栽培技术要点

（1）播种期：麦套花生 5 月 20 日左右播种。

（2）密度：麦套花生 9 000～10 000 穴/亩，每穴两粒种子。

（3）管理上，前促中控后补相结合。麦套花生麦收后要及时追肥，每亩尿素 15kg 或复合肥 20kg，促苗早发；生于中期，注意防旺长倒伏，在植株长到 35cm 高或盛花末期及时控旺。生育后期要旱浇涝排，及时收获，保证丰产丰收。

适宜种植地区：适宜河南省各地麦套和春播地膜覆盖种植。

**（三十）濮科花15号（豫审花2005001）**

1. 品种来源

濮阳市农业科学研究所选育，以濮8209为母本，鲁花9号为父本杂交选育而成。

2. 特征特性

该品种属中早熟类型，全生育期112天左右。幼茎绿色；叶片椭圆形，叶色淡绿，大小中等；株型直立疏枝，主茎高42.5cm，侧枝长45.2cm，总分枝9.0条，结果枝6.9条，连续开花，单株结果数14个。普通型荚果，果嘴锐，网纹细、浅，果细小；籽仁为圆锥形，种皮呈粉红色，内种皮橘黄色；百果重164.9g，百仁重70.9g，出仁率72.0%。2002年品质测定：籽粒蛋白质含量25.98%，粗脂肪含量51.57%，油酸含量49.80%，亚油酸含量31.80%。2005年抗性鉴定：高抗青枯病，中抗锈病、叶斑病、网斑病，未发生病毒病和枯萎病，综合抗性优于豫花6号。

3. 区试产量表现

2001年参加河南省夏播组区域试验，平均亩产荚果260.25kg、籽仁190.36kg，分别比豫花6号增产13.89%和11.75%，荚果居4个参试品种第二位，荚果、籽仁均比增产达极显著水平。2002年继续试验，平均亩产荚果276.68kg、籽仁203.47kg，分别比豫花6号增产8.80%和5.12%，荚果居10个参试品种第一位，籽仁居10个参试品种第二位，荚果比增产达显著水平。2003年继续试验，平均亩产荚果170.88kg、籽仁118.41kg，分别比豫花6号增产12.70%和6.92%，荚果居9个参试品种第一位，籽仁居9个参试品种第三位，荚果、籽仁均比增产达极显著水平。2004年参加河南省夏播组生产试验，平均亩产荚果 261.40kg、籽仁 192.60kg，分别比豫花 6 号增产 14.20%和13.80%，荚果居6个参试品种第三位，籽仁居6个参试品种第一位。

4. 栽培技术要点

（1）播种期：6月10日以前，趁墒早播。

（2）密度：12 000穴/亩。

（3）及时中耕除草，早施追苗肥，促苗早发。高产地块，8月中旬若株高超过40cm，应及时控旺防倒。后期注意养根护叶，及时收获。

适宜种植地区：适宜河南各地夏直播种植。

**（三十一）周花2号（豫审花2005002）**

1. 品种来源

周口市农业科学研究所选育，以豫花7号为母本，鲁花9号为父本杂交选育而成。

2. 特征特性

该品种属中早熟类型，生育期113天左右。幼茎颜色微红色，茎绿色；叶椭圆形，大而浓绿；株型直立疏枝，主茎高41.5cm，侧枝长45cm，总分枝8.8条左右，结果枝7.8条左右，连续开花，单株结果数13个。荚果普通型，果嘴钝，网纹浅、细；籽仁为椭圆形，种皮呈粉红色；百果重166.4g，百仁重70.1g，出仁率69.7%。2002年品质测定：籽粒粗蛋白质含量5.14%，粗脂肪含量51.48%，油酸含量40.5%，亚油酸含量37.4%。2004年抗性坚定：中抗叶斑病、网斑病、病毒病。

3. 区试产量表现

2002年参加河南省夏播组区域试验，平均亩产荚果273.51kg、籽仁 194.93kg，分别比豫花 6 号增产 7.55% 和0.70%，荚果居10个参试品种第三位，籽仁居10个参试品种第四位。2003年继续试验，平均亩产荚果165.80kg、籽仁

113.54kg，分别比豫花6号增产9.34%和2.52%，荚果居9个参试品种第三位，籽仁居9个参试品种第五位，荚果比增产达极显著水平。2004年参加河南省夏播组生产试验，平均亩产荚果26.2.7kg、籽仁188.9kg，分别比豫花6号增产14.8%和11.6%，荚果居6个参试品种第二位，籽仁居6个参试品种第二位。

4. 栽培技术要点

（1）6月15日前播种；每亩12 000穴，每穴两粒。

（2）苗期注意浇水，防止干旱，促苗早发；中后期注意防治病虫害，适时进行根外追肥，补充营养，促进果实发育充实。

（3）适宜种植地区：适宜河南省各地夏直播种植。

**（三十二）开农41（豫审花2005003）**

1. 品种来源

开封市农林科学研究所选育，以83-13为母本，豫花1号为父本杂交选育而成。

2. 特征特性

该品种属中早熟类型，全生育期110～115天。茎枝健壮、绿色；叶片深绿色、椭圆形，株型直立疏枝，主茎高36.4cm，侧枝长39.0cm，总分枝9条左右，结果枝7条左右，连续开花，单株结果数13个左右。荚果普通型，果嘴锐，网纹浅、细，果皮薄且坚韧；籽仁为椭圆形、呈粉红色，有光泽；百果重164.7g，百仁重72.6g，出仁率76.6%。2002年品质鉴定：籽粒粗蛋白质含量23.60%，粗脂肪含量49.02%。2005年抗性鉴定：高抗青枯病，中抗叶斑病、锈病、网斑病，未发生病毒病和枯萎病，综合抗病性接近豫花6号。

3. 区试产量表现

2002年参加河南省夏播组区域试验，平均亩产荚果272.91kg、籽仁210.09kg，分别比豫花6号增产7.31%和

8.54%，荚果居10个参试品种第四位，籽仁居10个参试品种第一位。2003年继续试验，平均亩产荚果163.15kg、籽仁118.69kg，分别比豫花6号增产7.59%和7.17%，荚果居9个参试品种第五位，籽仁居9个参试品种第二位，荚果、籽仁比增产均达显著水平。2004年参加河南省夏播组生产试验，平均亩产荚果256.1kg、籽仁188.5kg，分别比豫花6号增产11.4%和11.9%，荚果居6个参试品种第五位，籽仁居6个参试品种第三位。

4. 栽培技术要点

（1）夏直播种植6月10日左右播种，每亩10 000～11 000穴，每穴两粒；麦垄套种应于5月15～20日（麦收前10～15天）播种，每亩9 000～10 000穴，每穴两粒。

（2）基肥以农家肥和氮、磷、钾复合肥为主，辅以微量元素肥料。初花期可酌情追施尿素或硝酸磷肥10～15kg/亩。在花针期缺水，影响开花下针结果。

（3）防治病虫害：生育期间应注意防治蚜虫、棉铃虫、蛴螬等害虫为害。生育后期注意防止叶斑病、锈病等的发生。

（4）成熟后应及时收获，以免影响产量和品质。

适宜种植地区：适宜河南各地麦套和夏直播种植。

**（三十三）豫花9414（豫审花2005004）**

1. 品种来源

河南省农业科学院棉油所选育，以郑8917-5为母本，豫花7号为父本杂交选育而成。

2. 特征特性

该品种属特用型（大果）类型，全生育期126天左右。幼茎淡红色，茎绿色；叶片较大，叶色淡绿；株型直立疏枝，主茎高35～44cm，侧枝长38～47cm，总分枝9.0条，结果枝6～8条，连续开花，单株结果数10个；普通型荚果，缩缢浅，果嘴钝；籽仁为椭圆形，种皮呈粉红色；百果重250g，百仁重105g，出仁率68.4%。2004年品质测定：籽粒粗蛋白质含量24.78%，粗脂肪含量50.97%，油酸含量35.5%，亚油酸含量37.4%。2004年抗性鉴定；高抗病毒病，中抗叶斑病、网斑病。

3. 区试产量表现

2003年参加河南省特用型花生区域试验，平均亩产荚果205.07kg、籽仁137.02kg，分别比豫花8号增产9.64%和5.84%，荚果、籽仁均居7个参试品种第一位，荚果、籽仁均比增产达极显著。2004年继续试验，5个试点汇总，平均亩产荚果235.54kg、籽仁159.21kg，分别比豫花8号增产11.34%和7.61%，荚果、籽仁均居9个参试品种第一位，荚果、籽仁比增产均达极显著水平。2004年参加河南省夏播组生产试验，平均亩产荚果238.2kg、籽仁168.0kg，荚果比豫花8号增产0.7%，籽仁比豫花8号增产3.3%，荚果居3个参试品种第二位，籽仁居3个参试品种第三位。

4. 栽培技术要点

（1）春播在4月下旬或5月上旬，麦垄套种在5月中旬。

（2）每亩10 000穴左右，每穴两粒，高肥水地每亩可种植9 000穴左右，旱薄地每亩可增加到11 000穴左右。

（3）麦垄套种花生，麦收后要及时中耕灭茬，早追肥（每亩尿素15kg），促苗早发；中期，高产田块要抓好化控措施，在盛花后期或植株长到40cm左右时及时防旺长倒伏；后期应注意旱浇涝排，适时进行根外追肥，补充营养，促进果实发育充实。

适宜种植地区：适宜河南各地春夏播种植。

**（三十四）新花一号（豫审花2006001）**

1. 品种来源

河南省新乡是农业科学院选育，以钴-60对郑州86036进行辐射，诱变选育而成。

2. 特征特性

该品种属普通类型，生育期125天左右。疏枝直立，交替开花；主茎高43.8cm，侧枝长49.7m，总分枝7.5个，结果枝5.8个，单株饱果数7.3个；叶片为椭圆形，呈淡绿色，中等偏小。荚果为普通大果型，果型较好，果嘴锐，网纹细深；三粒荚果多，百果重191.470g，饱果率58.7%，500g果数318个；籽仁为椭圆形，种皮呈浅粉红色，百仁重73.1g，出仁率为68.6%。2004年河南省农业科学院植保所抗性鉴定：高感网斑病（4级）、感叶斑病（6级）、中感病毒病（病株率41%）。2004年农业部农产品质量监督检验测试中心（郑州）品质检测：籽粒粗蛋白质25.08%，粗脂肪52.66%，油酸36.4%，亚油酸37.8%。

3. 区试产量表现

2003年河南省花生品种麦套组区域试验，8个试点汇总，平均亩产荚果205.37kg、籽仁141.3kg，分别比对照豫花8号增产4.9%和4.21%，荚果居7个参试品种第五位，籽仁居第四位，荚果比对照增产达显著水平。2004年继续试验，8点汇总，平均亩产荚果261.57kg、籽仁176.85kg，分别比对照豫花8号增产10.54%和9.77%，荚果、籽仁均居9个参试品种第五位，荚果、籽仁均比对照增产达极显著水平。2005年河南省花生品种麦套组生产试验，4点汇总，平均亩产荚果252.86kg、籽仁184.78kg，分别比对照豫花8号增产9.28%和8.7%，荚果、籽仁均居6个参试品种第一位。

4. 栽培技术要点

（1）播种期：麦垄套种5月15~20日，每亩9 000~10 000穴，夏直播在6月10日左右，每亩10 000~11 000穴，每穴两粒。

（2）田间管理：基肥以农家肥和氮、磷、钾复合肥为主，辅以微量元素；初花期每亩可酌情追施尿素或硝酸磷肥 150～225kg；忌在幼苗期漫灌；苗期看苗施肥，促苗早发；中期看苗管理，促控结合；后期养根护叶，促果保叶；注意防治病虫害。

适宜种植地区：适宜河南各地麦套和麦后夏直播种植。

**（三十五）濮科花 3 号（豫审花 2006002）**

1. 品种来源

河南省濮阳农业科学研究所选育，以濮 8507 为母本，鲁花 9 号为父本杂交选育而成。

2. 特征特性

该品种属普通类型，生育期 116 天左右。疏枝直立，连续开花；主茎高 41.3cm，侧枝长 45.3cm，总分枝 8.0 个，结果枝 6.0 个，单株结果数 13.8 个；叶片椭圆形，绿色，中等偏大。荚果普通型，果小，果嘴锐，网纹细、浅；百果重 161.6g，饱果率 66.3%，500g 果数 479.3 个；籽仁为椭圆形，种皮呈粉红色，内种皮呈橘黄色，百仁重 63.8g，500g 仁数 960.3 个，出仁率 71.57%，结实性好，饱果率高。2004 年河南省农业科院植保所抗性鉴定：中抗叶斑病（1～2 级），中抗网斑病（1～2 级），中抗锈病（1～2 级），未发生病毒病和青枯病。2002 年农业部农产品质量监督检验测试中心（郑州）品质检测：粗蛋白质 26.12%、粗脂肪（干基）51.29%，油酸 47.6%，亚油酸 31.4%。

3. 区试产量表现

2002 年河南省花生品种夏播组区域试验，9 点汇总，平均亩产荚果 274.8kg、籽仁 202.0kg，分别比对照豫花 6 号增产 8.1% 和 4.3%，荚果居 10 个参试品种第二位，籽仁居第三位，荚果比对照增产达显著水平。2003 年继续试验，8 点汇总，平均亩产荚果 169.6kg，籽仁 119.4kg，分别比对照豫花 6 号增产 11.9% 和 7.8%，荚果居 10 个参试品种第二位，籽仁居第一位，荚果、籽仁均比对照增产达极显著水平。2004 年河南省花生品种夏播生产试验，5 点汇总，平均亩产荚果 258.0kg、籽仁 188.8kg，分别比对照豫花 6 号增产 12.7% 和 11.2%，荚果、籽仁均居 6 个参试品种第四位。2005 年继续试验，5 点汇总，平均亩产荚果 261.4kg、籽仁 191.8kg，分别比对照豫花 6 号增产 17.7% 和 15.9%，荚果、籽仁均居 6 个参试品种第一位。

4. 栽培技术要点

（1）播种期：6 月 10 日以前播种，趁墒早播；密度 12 000 穴/亩。

（2）田间管理：以促为主，及时中耕除草，早施追苗肥，促苗早发；高产地块，8 月中旬株高超过 40cm，应及时控旺防倒；后期注意养根护叶，及时收获。

适宜种植地区：适宜河南各地夏播种植。

**（三十六）豫花黑 1 号（豫审花 2006003）**

1. 品种来源

河南省农业科学院棉花油料作物研究所从豫花 15 号系统选育而来。

2. 特征特性

该品种属特用类型，生育期 128 天左右。植株直立，连续开花，花为橘黄色；主茎高 41 ~ 54m，侧枝长 41 ~ 62cm，总分枝 8 ~ 10 个，单株结果 12 ~ 20 个；幼茎淡绿色，茎绿色；叶片长椭圆形，中等偏小，苗期心叶呈淡红色。普通荚果，果嘴钝，网纹细、深，果皮硬，百果重 169.7g，500g 果数 451 个，饱果率 56.3%；籽仁为椭圆形，种皮呈黑紫色，有光泽，百仁重 63.8g，500g 仁数 1 120 个。2004 年经河南省农业科学院植保所抗性鉴定：高抗花生网斑病（1 级），中抗叶斑病（3 级），高抗病毒病（发病株率 4%）。2004 年农业部农产品质量监督检验测试中心（郑州）品质检测：籽粒粗蛋白质 24.91%，粗脂肪

52.39%，油酸36.2%，亚油酸35.8%。

3. 区试产量表现

2003年河南省花生品种特用型组区域试验，5点汇总，平均亩产荚果172.9kg，籽仁100.7kg，分别比对照豫花8号减产7.6%和22.2%，荚果、籽仁均居7个参试品种第六位，比对照减产极显著。2004年继续试验，5点汇总，平均亩产荚果204.1kg，籽仁118.08kg荚果比对照豫花8号减产3.5%，籽仁比对照豫花8号减产20.2%，荚果、籽仁均居9个参试品种末位，荚果、籽仁比对照豫花8号减产不显著。2005年河南省花生品种夏播组生产试验，5点汇总，平均亩产荚果222.5kg，籽仁141.5kg，荚果比对照豫花6号增产0.2%，籽仁比对照减产14.5%，荚果居6个参试品种第四位，籽仁居6个参试品种末位。

4. 栽培技术要点

（1）播种：春播在4月下旬或5月上旬；麦垄套种在5月20日左右；每亩10 000穴左右，每穴两粒，高肥水地每亩可种植9 000穴左右，旱薄地每亩可增加到11 000穴左右；足墒播种，播种深度一般不超过5cm，以保证一播全苗。

（2）田间管理：麦垄套种花生，麦收后要及时中耕灭茬，早追肥（每亩尿素15kg），促苗早发；中期，高产地块要抓好化控措施，在盛花后期或植株长到35cm以上时防旺长倒伏；后期应注意旱浇涝排，适时进行根外追肥，补充营养，促进果实发育充实。

适宜种植地区：适宜河南省各地春播或麦垄套种种植。

**（三十七）开农白2号（豫审花2006004）**

1. 品种来源

开封市农林科学研究所从海花一号诱变后系选而成。

2. 特征特性

该品种属特用类型，全生育期 125 天左右。直立疏枝，连续开花；主茎高 32.9cm，侧枝长 38.6cm，总分枝 10.0 个，结果枝 6.0 条，单株饱果数 7.2 个；叶片长椭圆形，淡绿色，较大；荚果普通形，果嘴微尖，网纹粗、浅，果皮硬，百果重 177.9g，饱果率 62.3%；籽仁为圆锥形，种皮呈白色、有光泽，百仁重 69.4g，500g 仁数 400 个，出仁率 62.1%。2004 年河南省农业科学院植保所抗性鉴定：高抗花生网斑病（1 级），高抗叶斑病（2 级），高抗病毒病（病株率 8%）。2004 年农业部农产品质量监督检验测试中心（郑州）品质检测：粗蛋白质 23.25%，粗脂肪 53.01%，油酸 35.8%，亚油酸 38.2%。

3. 区试产量表现

2003 年河南省花生品种特用型组区域试验，5 点汇总，平均亩产荚果 166.7kg，籽仁 98.3kg，分别比对照豫花 8 号减产 10.9% 和 24.1%，荚果、籽仁均居 7 个参试品种末位，比对照减产极显著。2004 年继续试验，5 点汇总，平均亩产荚果 217.5kg，籽仁 132.6kg，荚果比对照豫花 8 号增产 2.8%，籽仁比对照豫花 8 号减产 10.4%，荚果居 9 个参试品种第四位，籽仁居第八位，荚果比对照增产不显著，籽仁比对照减产极显著。2005 年河南省花生品种夏播组生产试验，5 点汇总，平均亩产荚果 252.1kg，籽仁 167.0kg，分别比对照豫花 6 号增产 3.6% 和 0.9%，荚果居 6 个参试品种第二位，籽仁居第三位。

4. 栽培技术要点

（1）播种：春播一般在 4 月 20 日左右播种，密度 8 000 ~ 9 000穴/亩；麦套种植一般在 5 月 5 ~ 15 日播种，种植密度为 9 000 ~ 10 000穴/亩；夏直播种植应于 6 月 10 日前播种，种植密度为 10 000 ~ 11 000穴。

（2）田间管理：在耕地前每亩撒入农家肥 $2m^3$（土圈粪、

人粪尿在施入前要充分腐熟）、尿素15kg、过磷酸钙50kg；花生始花期和果针入土前，结合下雨或浇水，分别追施尿素10~15kg/亩；切忌在幼苗期漫灌；注意防治花生锈病、蚜虫、蛴螬等病虫的为害。

适宜种植地区：适宜河南各地春播、麦套及夏直播种植。

**（三十八）远杂9614（豫审花2006005）**

1. 品种来源

河南省农业科学院棉花油料作物研究所选育，以远杂9102为母本，豫花11号为父本杂交选育而成。

2. 特征特性

该品种属普通类型，生育期128天左右。植株直立，连续开花，花为橘黄色；主茎高43cm左右，侧枝长48cm左右，总分枝8~10条，单株结果10~17个；幼茎淡红色，茎绿色；叶片椭圆形，浓绿色，中等大小。荚果普通大果型，果嘴钝，网纹粗、深，缩缢浅；百果重207.1g，饱果率60.2%，500g仁数703个；籽仁为桃形，种皮呈粉红色、有光泽，百仁重87.4g，500g仁数703个，出仁率69.0%；荚果大，籽粒饱满，饱果率高。2004年河南省农业科院植保所抗性鉴定：中抗花生网斑病（2级），中抗叶斑病（4级），高抗病毒病（发病率为9%）。2004年农业部农产品质量监督检验测试中心（郑州）品质检测：籽粒粗蛋白质26.34%，粗脂肪50.93%，油酸34.6%，亚油酸36.2%。

3. 区试产量表现

2003年河南省花生品种特用型组区域试验，5点汇总，平均亩产荚果185.0kg，籽仁124.9kg，分别比对照豫花8号减产1.1%和3.5%，荚果、籽仁均居7个参试品种第三位，比对照减产不显著。2004年继续试验，5点汇总，平均亩产荚果216.4kg，籽仁147.1kg，荚果比对照豫花8号增产2.30%，籽仁比对照豫花 8 号减产 0.58%，荚果居 9 个参试品种第五位，籽仁居第四位，荚果、籽仁 147.1kg，荚果、籽仁比对照增、减产不显著。2004 年河南省花生品种特用型组生产试验，5 点汇总，亩产荚果 243.2kg，比对照豫花 8 号增产 2.8%，籽仁 168.1kg，比对照减产 3.2%，荚果居 3 个参试品种第一位，籽仁居第二位。2005 年参加河南省麦套组生产试验，4 点汇总，平均亩产荚果 248.25kg，籽仁 172.56kg，分别比对照豫花 8 号增产 7.28% 和 1.52%，荚果居 6 个参试品种第二位，籽仁居第三位。

4. 栽培技术要点

（1）播种：春播在 4 月下旬或 5 月上旬；麦垄套种在 5 月 20 日左右；播种深度一般不超过 5cm。每亩 10 000穴左右，每穴两粒，高肥水地每亩可种植 9 000穴左右，旱薄地每亩可增加到 11 000穴左右。

（2）田间管理：麦垄套种花生，麦收后要及时中耕灭茬，早追肥（每亩尿素 15kg），促苗早发；中期，高产田块要抓好化控措施，在盛花后期或植株长到 35cm 以上时，及时防旺长倒伏。

适宜种植地区：适宜河南省各地春播或麦垄套种种植。

**（三十九）丰花 1 号（豫引花生 2004001 号）**

1. 品种来源

山东省农业大学选育，2001 年 5 月通过山东省农作物品种审定委员会审定，审定编号鲁种审字 2001017 号。2003 年河南省种子公司引入。

2. 特征特性

该品种属普通型大果花生，全生育期 132 天左右。疏枝型，主茎高 42cm，侧枝长 46cm，总分枝 11 条，叶片椭圆形，绿色，中大。荚果普通型，平均单株结果 9 个，百果重 201.5g，百仁重79.0g，500g果数222个，出仁率65.9%；长势强，抗叶斑病、后期不早衰。

3. 区试产量表现

2003年河南省引种试验，3点汇总平均亩产荚果90.6kg，比对照豫花8号增产24.8%，籽仁60.0kg，比对照豫花8号增产18.1%。

适宜种植地区：适宜周口、开封、郑州、商丘区域种植。

**（四十）丰花3号（豫引花生2005001）**

1. 品种来源

山东省农业大学选育2003年山东省审定，审定号：鲁种审字2003013，兰考农华种业公司。

2. 特征特性

该品种为普通型大花生，夏播生育期120天左右。疏枝型，株型直立，主茎高40cm，侧枝长43cm，总分枝8~9条，结果枝6~7条；叶片倒卵形，深绿色，叶片较厚；荚果普通型，果壳网纹明显，果长，大果，果腰中细，籽仁为椭圆形，种皮呈粉红色，百仁重73.2g，出仁率72.1%。长势强，抗叶斑病，后期不早衰。

3. 区试产量表现

河南省5点引种试验，平均亩产荚果263kg，比对照豫花6号增产9.5%；亩产籽仁185.3kg，比对照豫花6号增产14.9%。

适宜种植地区：适宜河南省各地春播或作麦套花生引种种植，每亩种植1万~1.2万穴。

**（四十一）驻花一号（豫审花2007001）**

1. 品种来源

河南省驻马店是农业科学研究所选育，以白沙1016为母本，中华4号为父本选育而成。

2. 特征特性

疏枝直立，生育期112天左右。叶淡绿色，茎绿色，主茎高35～42cm；连续开花，结果枝数5～8条，单株结果数11～18个；荚果珍珠豆类型，缩缢不明显，果嘴钝；果壳薄，籽粒饱满，饱果率高，籽仁为桃形、呈淡红色、表面光滑，百果重166.9g，百仁重70.7g，出仁率74.35%。2004年河南省农业科学院植保所抗性鉴定：网斑病发病级别为3级，中感网斑病（按0～4级标准）；叶斑病发病级别为7级，感叶斑病（按1～9级标准）；病毒病发病率为28%，中抗病毒病。2005年鉴定：网斑病发病级别为3级，中感网斑病（按0～4级标准）；叶斑病发病级别为6级，感叶斑病（按1～9级标准）；病毒病发病率为25%，中抗病毒病。2006年农业部农产品质量监督检验测试中心（郑州）检测：籽仁蛋白质24.70%，粗脂肪53.30%，油酸38.6%，亚油酸38.4%。

3. 区试产量表现

2004年河南省夏播组区域试验，平均亩产荚果232.14kg、籽仁171.19kg，分别比对照豫花6号增产7.05%和11.92%，荚果、籽仁分别居9个参试品种第三位、第一位。

2006年河南省生产试验，平均亩产荚果265.33kg、籽仁197.26kg，分别比对照豫花6号增产13.95%和17.76%，荚果、籽仁均居3个参试品种第一位。

4. 栽培技术要点

（1）播种：在5月20日至6月10日播种，麦收后要及时抢墒早播，播种时足墒下种，深度一般不超过5cm，以保证一播全苗。

（2）密度：10 000～12 000穴/亩，每穴两粒。

（3）看苗管理、促控结合：出苗后应追肥，促进幼苗早生快发，后期可通过根外追肥补施磷、钾肥，以补充花生后期对养分的需要，雨水较多时，高产田块要抓好化控措施，在盛花后期或植株长到35cm以上时，及时防旺苗倒伏。

(4) 防治病虫害：主要注意蚜虫、斜纹夜蛾等害虫和叶斑病、网斑病等病害的防治。

适宜种植地区：适宜河南省各地种植。

**(四十二) 豫花9502 (豫审花2007002)**

1. 品种来源

河南省农业科学院经济作物研究所选育，以豫花11号为母本，豫花15号为父本杂交选育而成。

2. 特征特性

疏枝直立，生育期115天左右。叶片椭圆形，浓绿色，主茎高45.4cm；连续开花，总分枝6~10条，结果枝5~7条，单株结果数10~20个；荚果为普通型，果嘴微锐，网纹细略深，缩缢不明显；籽仁为椭圆形、呈粉红色，无光泽，百果重180.6g，百仁重74.4g，出仁率68.0%。2004年河南省农业科学院植保所抗性鉴定：网斑病发病级别为2级，中抗网斑病（按0~4级标准）；叶斑病发病级别为4级，中抗叶斑病（按1~9级标准）；病毒病发病率为22%，中抗病毒病。2005年鉴定：网斑病发病级别为2级，中抗网斑病（按0~4级标准）；叶斑病发病级别为4级，中抗叶斑病（按1~9级标准）；病毒病发病率为21%，中抗病毒病。2006年农业部农产品质量监督检验测试中心（郑州）检测：籽仁蛋白质21.87%，粗脂肪53.48%，油酸39%，亚油酸38.6%。

3. 区试产量表现

2004年河南省夏播组区域试验，平均亩产荚果228.65kg、籽仁157.66kg，分别比对照豫花6号增产5.44%和3.08%，荚果、籽仁分别居9个参试品种第三位、第四位。2005年继续试验，平均亩产荚果245.28kg、籽仁165.96kg，分别比对照豫花6

号增产15.68%和10.13%，荚果、籽仁分别居9个参试品种第一位、第二位。

2006年河南省生产试验，平均亩产荚果225.73kg、籽仁181.4kg，分别比对照豫花6号增产9.83%和8.29%，荚果、籽仁均居3个参试品种第二位。

4. 栽培技术要点

（1）播种期：春播花生4月20日至5月10日左右，麦套花生5月20日前后。麦套花生遇雨要抢墒播种。

（2）密度：春播9 000～10 000穴/亩，麦套10 000穴/亩，每穴两粒。

（3）田间管理：春播地膜花生在出苗后要及时扣膜覆土；麦套花生以促为主，早施追苗肥，促苗早发。初花期亩追尿素10kg，过磷酸钙25～30kg，硫酸钾10kg；花期结合培土迎针，每亩施石膏粉20～30kg，提高饱果率；盛花期和下针结荚期，遇旱及时浇水，以利荚果膨大；高产地块出现株高超过40cm徒长现象，要防止旺长倒伏。

（4）病虫害防治：每苗期蚜虫可用50%氧化乐果1 000倍液进行叶面喷施。地下害虫蛴螬、金针虫发生严重的地块，除在耕作上进行轮作倒茬外，在培土迎针时用5%辛硫磷颗粒剂，每亩10kg，与细土拌匀顺垄撒在植株附近，撒后中耕培土。

适宜种植地区：适宜河南省春播或麦套种植。

**（四十三）濮科花4号（豫审花2007004）**

1. 品种来源

河南省濮阳农业科学研究所选育，以豫花11号为母本，濮9321为父本杂交选育而成。

2. 特征特性

直立疏枝，生育期127天左右。叶片长椭圆形、淡绿色；主茎高43.8cm，侧枝长46.9cm，总分枝9.15条；连续开花，结果枝6.8条，单株结果数13.95个；荚果普通型，果嘴微锐，网纹细、较深，果较大；籽仁为圆锥形，种皮呈粉红色，内种皮呈橘黄色，百果重179.65g，百仁重78.2g，出仁率69.6%。2004年河南省农业科学院植保所抗性鉴定：网斑病发病级别为3级，中感网斑病（按0～4级标准）；叶斑病发病级别为5级，中抗叶斑病（按1～9级标准）；病毒病发病率为23%，中抗病毒病。2004年农业部农产品质量监督检验测试中心（郑州）检测：籽仁蛋白质23.57%，粗脂肪53.01%，亚油酸37.8%，油酸36.0%。

3. 区试产量表现

2003年河南省麦套组区域试验，平均亩产荚果214.29kg、籽仁151.41kg，分别比对照豫花8号增产9.46%和11.67%，荚果、籽仁分别居7个参试品种第二位、第一位。2004年继续试验，平均亩产荚果271.06kg、籽仁184.03kg，分别比对照豫花8号增产14.55%和14.23%，荚果、籽仁均居9个参试品种第三位。

2005年河南省麦套组生产试验，平均亩产荚果242.67kg、籽仁173.06kg，分别比对照豫花8号增产4.90%和1.80%，荚果、籽仁分别居6个参试品种第三位、第二位。2006年继续试验，平均亩产荚果274.08kg、籽仁195.57kg，分别比对照豫花11号增产5.99%和7.20%，荚果、籽仁分别居7个参试品种第四位、第三位。

4. 栽培技术要点

麦垄套种播期5月20日左右，春播5月1日前后；麦套密度10 000穴/亩，春播密度8 000～9 000穴/亩；麦套花生麦收后，应及时中耕灭茬，早追苗肥，促苗早发。高产地块，7月下旬若株高超过40cm，应及时控旺防倒。后期注意养根护叶，及时收获。

适宜种植地区：适宜河南省各地春播或麦垄套种。

**（四十四）豫花9326（豫审花2007005）**

1. 品种来源

河南省农业科学院经济作物研究所选育，以豫花7号为母本，郑86036-19为父本杂交选育而成。

2. 特征特性

直立疏枝，生育期130天左右。叶片浓绿色、椭圆形、较大；连续开花，株高39.6cm，侧枝长42.9cm，总分枝8～9条，结果枝7～8条，单株结果数10～20个；荚果为普通型，果嘴锐，网纹粗深，籽仁为椭圆形、呈粉红色，百果重213.1g，百仁重88.0g，出仁率70.0%左右。2003～2004年河南省农业科学院植保所抗性鉴定：网斑病发病级别为0～2级，抗网斑病（按0～4级标准）；叶斑病发病级别为2～3级，抗叶斑病（按1～9级标准）；锈病发病级别为1～2级（按1～9级标准），高抗锈病；病毒病发病级别为2级以下，抗病毒病。2004年农业部农产品质量监督检验测试中心（郑州）检测：籽仁蛋白质22.65%，粗脂肪56.67%，油酸36.6%，亚油酸38.3%。

3. 区试产量表现

2002年全国北方区区域试验，平均亩产荚果301.71kg、籽仁211.5kg，分别比对照鲁花11号增产5.16%和0.92%，荚果、籽仁分别居9个参试品种第二位、第四位。2003年继续试验，平均亩产荚果272.1kg、籽仁189.1kg，分别比对照鲁花11号增产7.59%和7.43%，荚果、籽仁分别居9个参试品种第二位、第三位；2004年全国北方区花生生产试验，平均亩产荚果308.0kg，籽仁212.8kg，分别比对照鲁花11号增产12.7%和11.2%，荚果、籽仁分别居3个参试品种的第一位、第二位。

2006 年河南省麦套组生产试验，平均亩产荚果 280.81kg、籽仁 192.73kg，分别比对照豫花 11 号增产 8.59% 和 5.65%，荚果、籽仁分别居 7 个参试品种第二位、第四位。

4. 栽培技术要点

（1）播种期：麦垄套种 5 月 20 日左右；春播在 4 月下旬或 5 月上旬。

（2）密度：10 000穴/亩左右，每穴两粒，高肥水地可种植 9 000/亩穴左右，旱薄地可增加到 11 000穴/亩左右。

（3）看苗管理，促控结合：麦收后要及时中耕灭茬，早追肥（每亩尿素 15kg），促苗早发；高产田块要抓好化控措施，在盛花后期或植株长到 35cm 以上时应防旺长倒伏；后期应注意旱浇涝排，适时进行根外追肥，补充营养，促进果实发育充实。

适宜种植地区：适宜河南省各地种植。

**（四十五）开农 49（豫审花 2007006）**

1. 品种来源

开封市农林科学研究所选育，以豫花 7 号为母本，P372 为父本杂交选育而成。

2. 特征特性

直立疏枝，生育期 128 天左右。叶深绿色、椭圆形；主茎高 44.2cm，侧枝长 49.7cm，总分枝 8.8 条；连续开花，结果枝 6.3 条，单株饱果数 8.5 个；荚果为普通型，缩缢浅，果嘴微锐，网纹细、浅，果皮薄且坚韧；籽仁为椭圆形，呈粉红色，内种皮呈橘黄色，百果重 191.03g，百仁重 74.8g，出仁率 70.4%。2005 年河南省农业科学院植保所抗性鉴定：网斑病发病级别为 2 级，中抗网斑病（按 0 ~ 4 级标准）；叶斑病发病级别为 3 级，中抗叶斑病（按 1 ~ 9 级标准）；病毒病发病率为 8%，高抗病毒病。2006 年农业部农产品质量监督检验测试中心（郑州）检测：

籽仁蛋白质 22.99%，粗脂肪 53.64%，油酸 46.8%，亚油酸 32.1%。

3. 区试产量表现

2004 年河南省麦套组区域试验，平均亩产荚果 266.03kg、籽仁 184.26kg，分别比对照豫花 8 号增产 12.43% 和 14.374%，分居 9 个参试品种第四位、第二位。2005 年继续试验，平均亩产荚果 278.25kg、籽仁 196.45kg，分别比对照豫花 11 号增产 11.34% 和 13.25%，荚果、籽仁分别居 11 个参试品种第四位、第一位。

2006 年河南省麦套生产试验，平均亩产荚果 282.74kg、籽仁 202.54kg，分别比对照豫花 11 号增产 9.33% 和 11.02%，荚果、籽仁均居 7 个参试品种第一位。

4. 栽培技术要点

（1）播种：夏直播种植应在 6 月 10 日左右播种，10 000 ~ 11 000穴/亩，每穴两粒；麦垄套种应于 5 月 15 ~ 20 日（麦收前 10 ~ 15 天）播种，9 000 ~ 10 000穴/亩，每穴两粒。

（2）施肥和浇水：基肥以农家肥和氮、磷、钾复合肥为主，辅以微量元素肥料。初花期可酌情追施尿素或硝酸磷肥 10 ~ 15kg/亩。苗期一般不浇水，花针期、结荚期干旱时及时浇水。

（3）防治虫害：花生生育期间，应注意防治蚜虫、棉铃虫、蛴螬等害虫为害。

适宜种植地区：适宜河南省各地春播、麦套及夏直播种植。

花生品种主要性状详见下表。

**表　花生品种主要性状一览表**

| 性状<br>品种 | 株高（cm） | 分枝数（个） | 百果重（g） | 百仁重（g） | 出仁率（%） | 荚果类型 | 生育期（天） | 适播方式 |
|---|---|---|---|---|---|---|---|---|
| [1] 豫花1号 | 40.0 | | 260.0 | 95.0 | 75.0 | 大果 | 125～135 | 春播、套播（地膜盖） |
| [2] 豫花2号 | 30～40 | | 200.0 | 90.0 | 75.5 | 大果 | 115～135 | 春播、套播 |
| [3] 豫花3号 | 43.0 | 10.7 | 263.6 | 99.3 | 70.5 | 大果 | 110～125 | 套播、春播 |
| [4] 豫花4号 | 40.0 | 6.7 | 186.0 | 72.0 | 74.5 | 中果 | 120 | 套播、春播 |
| [5] 豫花5号 | 44.3 | 8.3 | 208.0 | 87.3 | 71.2 | 大果 | 115～135 | 春播、套播（春地膜盖） |
| [6] 豫花6号 | 35～40 | | 130.0 | | 78.5 | 中果 | 105 | 春播、套播 |
| [7] 豫花7号 | 40.0 | 8.0 | 230.0 | 95.0 | 74.0 | 大果 | 120 | 套播、春播（春地膜盖） |
| [8] 豫花8号 | 41.5 | 10.5 | 205.4 | 85.6 | 75.0 | 大果 | 120 | 套播、春播（春地膜盖） |
| [9] 豫花9号 | | 8.5 | 250.0 | 94.0 | 71.5 | 大果 | 110～120 | 套播、春播 |
| [10] 豫花10号 | 40.3 | 6.6 | 201.5 | 84.3 | 73.4 | 大果 | 120～130 | 春播、套播（春地膜盖） |
| [11] 豫花11号 | 45 | 7.5 | 221.1 | 92.5 | 774.3 | 大果 | 120～134 | 套播、春播 |
| [12] 豫花12号 | 41.5 | 6.6 | 156.6 | 72.2 | 72.3 | 中果 | 110 | 夏播、套播（夏地膜盖） |
| [13] 豫花13号 | 39.5 | 9.9 | 210.0 | 85.0 | 73.2 | 中果 | 115～130 | 套播、春播、夏播 |
| [14] 豫花14号 | 39.7 | 8.0 | 166.7 | 63.0 | 75.6 | 中果 | 110 | 夏播、套播 |
| [15] 豫花15号 | 38.0 | 7.5 | 210.8 | 99.3 | 75.5 | 大果 | 128～131 | 春播、套播（地膜盖） |

（续表）

| 性状<br>品种 | 株高（cm） | 分枝数（个） | 百果重（g） | 百仁重（g） | 出仁率（%） | 荚果类型 | 生育期（天） | 适播方式 |
|---|---|---|---|---|---|---|---|---|
| [16] 豫花16号 | | | 217.0 | 91.0 | 71.4 | 大果 | 110~120 | 套播、夏播 |
| [17] 郑8159-1 | 46.8 | 10.8 | 200.8 | 85.6 | 70.1 | 大果 | 115 | 套播、夏播 |
| [18] 开农30 | 53.0 | 9.9 | 220.0 | 89.5 | 71.9 | 大果 | 130 | 春播、套播 |
| [19] 开农8598 | 40.0 | 6.6 | 187.7 | 70.0 | 73.9 | 中果 | 105 | 夏播（地膜盖） |
| [20] 远杂9102 | 30.0 | 9.0 | 165.0 | 66.0 | 73.8 | 中果 | 100 | 夏播（地膜盖） |
| [21] 开农36 | 47.0 | 9.0 | 216.0 | 86.9 | 72.7 | 大果 | 125 | 春播、套播 |
| [22] 濮花16 | 40.4 | 6.7 | 248.7 | 98.0 | 72.6 | 大果 | 120 | 套播、春播 |
| [23] 濮花17 | 34.4 | 6.4 | 153.3 | 64.9 | 74.0 | 中果 | 105 | 夏播、套播 |
| [24] 濮科花1号 | 42.5 | 6.3 | 206.9 | 83.1 | 74.2 | 大果 | 120 | 套播、春播 |
| [25] 豫花9327 | 33~40 | 7.0 | 170.0 | 72.0 | 70.4 | 中果 | 110 | 套播、夏播 |
| [26] 开农37 | 43.8 | 7.2 | 190.4 | 79.1 | 73.2 | 中果 | 115 | 套播 |
| [27] 豫花9331 | 40~45 | 8.0 | 230 | 86.0 | 68.5 | 大果 | 120 | 套播、春播 |
| [28] 濮科花2号 | 35.9 | 11.0 | 224.2 | 92.5 | 73.5 | 大果 | 120 | 套播、春播 |
| [29] 郑花5号 | 34.8 | 8.0 | 223.0 | 90.3 | 69.2 | 大果 | 120 | 套播、春播 |
| [30] 濮科花15号 | 42.5 | 9.0 | 164.9 | 70.9 | 72.0 | 中果 | 112 | 夏播、套播 |
| [31] 周花2号 | 41.5 | 8.8 | 166.4 | 70.1 | 69.7 | 大果 | 113 | 夏播、套播（夏地膜盖） |

（续表）

| 品种＼性状 | 株高（cm） | 分枝数（个） | 百果重（g） | 百仁重（g） | 出仁率（%） | 荚果类型 | 生育期（天） | 适播方式 |
|---|---|---|---|---|---|---|---|---|
| [32] 开农41 | 36.4 | 9.0 | 164.7 | 72.6 | 76.6 | 中果 | 110~115 | 夏播、套播 |
| [33] 豫花9414 | 35~44 | 9.0 | 250.0 | 105.0 | 68.4 | 大果 | 126 | 春播、套播 |
| [34] 新花1号 | 43.8 | 7.5 | 191.5 | 73.1 | 68.6 | 中果 | 125 | 套播、春播 |
| [35] 濮科花3号 | 41.3 | 8.0 | 161.6 | 63.8 | 71.5 | 中果 | 116 | 夏播、套播 |
| [36] 豫花黑1号 | 41~54 | 9.0 | 169.7 | 63.8 |  | 中果 | 128 | 春播、套播 |
| [37] 开农白2号 | 32.9 | 10.0 | 177.9 | 69.4 | 62.1 | 中果 | 125 | 春播、套播 |
| [38] 远杂9614 | 43.0 | 9.0 | 207.1 | 87.4 | 69.0 | 大果 | 128 | 春播、套播 |
| [39] 丰花1号 | 42.0 | 11.0 | 201.5 | 79.0 | 65.0 | 大果 | 132 | 春播 |
| [40] 丰花3号 | 40.0 | 8.5 |  | 73.2 | 72.1 | 大果 | 120 | 春播、套播 |
| [41] 驻花1号 | 35~42 | 6.5 | 166.9 | 70.7 | 74.4 | 中果 | 112 | 套播、夏播 |
| [42] 豫花9502 | 45.4 | 8.0 | 180.6 | 74.4 | 68.0 | 中果 | 115 | 春播、套播 |
| [43] 濮科花4号 | 43.8 | 9.2 | 179.7 | 78.2 | 69.6 | 中果 | 127 | 春播、套播 |
| [44] 豫花9326 | 39.6 | 8.5 | 213.1 | 88.0 | 70.0 | 大果 | 130 | 春播、套播 |
| [45] 开农49 | 44.2 | 8.8 | 191.0 | 74.8 | 70.4 | 中果 | 128 | 春播、套播 |
| [46] 鲁花9号 | 45.0 | 8.5 | 220.0 | 90.0 | 73.0 | 大果 | 110~130 | 套播、春播 |
| [47] 鲁花10号 | 40~45 | 9.0 | 240.0 | 100.0 | 72.1 | 大果 | 140 | 春播、套播 |

（续表）

| 品种＼性状 | 株高（cm） | 分枝数（个） | 百果重（g） | 百仁重（g） | 出仁率（%） | 荚果类型 | 生育期（天） | 适播方式 |
|---|---|---|---|---|---|---|---|---|
| [48] 鲁花11号 | 45.0 | 9.0 | 210.0 | 90.0 | 70.0 | 大果 | 135 | 春播、套播 |
| [49] 鲁花12号 | 45.0 | 7.5 | 165.0 | 70.0 |  | 中果 | 110～125 | 套播、夏播、春播 |
| [50] 鲁花13号 | 40.0 | 6.0 | 160.0 |  | 76.0 | 中果 | 125 | 套播、春播、夏播 |
| [51] 鲁花14号 | 35.0 | 8.5 | 220.0 | 116.0 | 75.2 | 大果 | 105～130 | 套播、夏播、春播 |
| [52] 海花1号 | 35～40 | 8.0 | 205.0 | 105.0 | 70.0 | 大果 | 138～145 | 春播、套播 |
| [53] 徐州68-4 | 40～50 | 9.0 | 207.5 | 90.0 | 71.0 | 大果 | 130～140 | 春播、套播 |
| [54] 天府3号 | 35～45 | 9.0 | 179.0 | 76.6 | 80.0 | 中果 | 115～140 | 套播、春播 |

# 第四章　花生需肥需水规律与配方施肥技术

## 一、花生需肥特点

### （一）营养元素在花生各器官的分配及作用

花生在一定的生长发育过程中，需要不断地从外界营养源中吸收大量的氮、磷、钾、钙和微量的镁、硫、硼、铁、锰、铜、锌、钼、氯、镍等营养元素。根据研究测定，在亩产荚果300kg以下时，每生产100kg荚果所需三要素，早熟种为氮素4.9～5.2kg，磷素0.9～1.0kg，钾素1.9～2.0kg；中熟种为氮素6.0～6.4kg，磷素1.0kg，钾素2.4kg；晚熟种为氮素6.0～6.4kg，磷素1.0～1.1kg，钾素3.3～3.4kg。亩产荚果400kg时，每生产100kg荚果所需三要素量为氮素6.4kg，磷素1.3kg，钾素3.2kg；N：$P_2O_5$：$K_2O$为4.8：1：1.7。

1. 氮素营养

氮素主要是参与复杂的蛋白质、叶绿素、磷脂等含氮物质的合成，促进枝多叶茂、多开花、多结果，以及荚果饱满，所以，荚果和叶里含氮最多，荚果含氮量占全株总量50%以上，叶片占30%左右。若氮素缺乏，花生叶色淡黄或白色，茎色发红根瘤减少，植株生长不良，产量降低。但氮素过多，又会出现徒长倒伏现象，也会降低花生的产量及其品质。

2. 磷素营养

磷素主要参与脂肪和蛋白质的合成，并能促使种子萌发生长，促进根和根瘤的生长发育；同时，能增强花生的幼苗耐低温和抗旱能力以及促进开花受精和荚果的饱满。磷素在花生各器官的分配，以荚果最多，占全株总磷量的60% ~80%。缺磷就会造成氮素代谢失调，植株生长缓慢，根系、根瘤发育不良，叶片呈红褐色，晚熟且不饱满，出仁率低。

3. 钾素营养

钾素参与有机体各种生理代谢，提高叶片光合作用强度，加速光合产物向各器官运转，并能抑制茎叶徒长，延长叶片寿命，增强植株的抗病耐旱能力，同时，也能促进花生与根瘤的共生关系。钾素在花生各部位的分配，以茎蔓较多，占50%以上，荚果里占40%以上。缺钾会使花生体内代谢机能失调，叶片呈暗绿色，边缘干枯，妨碍光合作用的进行，影响有机物的积累和运转。

4. 钙素营养

钙素能促进根系和根瘤的发育，促进荚果的形成和饱满，减少空壳，提高饱果率。同时，钙能调节土壤酸度，改善花生的营养环境，促进土壤微生物的活动。缺钙，则植株生长缓慢，空壳率高，产量低。

此外，各种微量元素，在花生生长发育中也具有一定的作用。钼有利于蛋白质的代谢；花生缺钼根瘤菌失去固氮能力；硼可以促进钙的吸收，对花生体内输导组织和碳水化合物的运转和代谢有重要的影响；缺硼不但各器官营养失调，而且影响根瘤的形成和发育。另外，镁、硫、锰、铁、锌、铜、镍等都是花生发育所需的微量元素，如缺少某一种元素，都会影响花生的生长发育。

**（二）花生不同生育时期对养分的吸收能力**

花生除种子发芽出苗期需要的养分是由种子供应外，其他各时期所需的养分大部分是从土壤中吸收的。

1. 幼苗期

花生生长发育较慢，需要养分较少，对氮、磷、钾的吸收量均占全生育期吸收总量的5%左右。

2. 开花下针期

植株生长比较迅速，对养分的需要量急剧增加，对氮、磷、钾的吸收量分别占全生育期总量的17%、22%和22%左右。

3. 结果期

是营养生长和生殖生长最旺盛的时期，也是花生一生中吸收养分最多的时期，氮、磷、钾吸收量分别占全生育期吸收总量的42%、46%和60%左右。

## 二、花生营养元素缺乏时的症状

花生缺氮时，植株黄瘦，叶片窄小，下部叶片黄化甚至脱落，茎枝花青素增加、呈红色，分枝少，棵小，花少；氮素过多，尤其是磷、钾配合失调，会造成植株营养体徒长，生殖体发育不良，叶片肥大浓绿，植株贪青晚熟或倒伏，结果少，荚果秕，同时，与花生共生的根瘤菌也发育不良。

花生缺磷时，根系发育不良，植株生长缓慢、矮小，分枝少，叶色暗绿无光泽、向上卷曲，晚熟低产。由于花青素的积累，下部叶片呈暗绿色，叶缘变黄色或棕色焦灼，随之叶脉间出现黄萎斑点，并逐步向上部叶片扩展，直至叶片脱落或坏死。

花生缺钙时，种子的胚芽变黑，植株矮小，地上部生长点枯萎，顶叶黄化有焦斑，根系弱小，粗短而黑褐，荚果发育减退，空果、秕果、单仁果增多，籽仁不饱满；严重缺钙时，整株变黄，顶部死亡，根部器官和荚果不能形成。

花生缺镁时，叶色失绿，但与缺氮的叶片失绿不同，缺氮叶色失绿是全株叶片的叶肉、叶脉都失绿变黄；而缺镁叶色失绿，则首先是发生在老叶上，且是叶肉变黄而叶脉仍保持绿色。

花生缺硫时，叶色变黄，严重时变黄白，叶片寿命缩短。花生缺硫与缺氮的症状难以区别，所不同的是缺硫症状首先表现在顶端叶片。

花生缺铁时，叶肉和上部嫩叶失绿，叶脉和下部老叶仍保持绿色；严重缺铁时，叶脉也失绿，进而黄化，上部嫩叶全呈白色，久之则叶片出现褐斑坏死组织，直到叶片枯死。铁在花生体内与铜、锰有拮抗作用。

花生缺硼时，植株矮小瘦弱，分枝多，呈丛生状，心叶叶脉颜色浅，叶尖发黄，老叶色暗，最后生长点停止生长，以至枯死；根尖端有黑点，侧根很小，根系易老化坏死；开花很小，甚至无花，并会出现大量的子叶内面凹陷的“空心”籽仁，形成“有壳无仁”的空果。

花生缺钼时，花生根系不发达，根瘤发育不良，结瘤少而小；植株矮小，叶脉失绿，老叶变厚呈腊质。

花生缺锰时，叶肉失绿变成黄白色，并出现杂色斑点。

花生缺铜时，植株出现矮化和丛生症状，叶片出现失绿现象，在早期生长阶段凋萎或干枯；小叶因叶缘上卷而成杯状，有时小叶外缘呈青铜色或坏死。

## 三、花生配方施肥技术

科学施肥是花生高产优质的重要措施，花生配方施肥可增加土壤养分含量，改善土壤通气性，增加土壤保水保肥能力，提高肥料利用率5%～7%，对花生生长发育十分有利，可使花生根深叶茂，有效侧枝增多，光合作用增强，扎针早，结荚多，饱果率和双仁率提高，据多点试验，配方施肥比常规施肥一般穴果数增加3.8个以上，饱果率和双仁率分别提高0.3%和1.1%。

花生在生长中，对氮、磷、钾、钙的需求量较大，一般土壤中速效钾含量在100mg/kg以上，能基本满足花生生长的需求，豫北潮土区大部分土壤速效钾含量在100mg/kg以上，在一般情况下，花生不需施用钾肥，但高产攻关田块和速效钾含量较低田块可酌情使用。根据土壤肥力情况和花生需肥特点，花生的施肥原则应为：在使用有机肥的基础上，适当补施氮肥，增施磷、钙肥，中后期叶面喷施微肥和生长调节剂。

**（一）花生配方施肥技术探讨**

综合花生需肥规律和土壤肥力特性，并根据花生施肥原则，对花生配方施肥技术探讨如下。

1. 配方施肥的技术要求

（1）目标产量与实际产量吻合度90%以上，其他参数指标化。

（2）增产效果稳定：高产田5%以上，中、低产田10%以上，提高花生品质和化肥利用率。

（3）根据土质、土壤肥力和品种类型合理施肥，施肥数据定量化和半定量化。

（4）增加有机肥投入，投入量要高于当地的平均水平。

（5）有利于下茬作物生长发育。

2. 配方施肥的基本技术－目标产量配方法

花生的产量形成要由土壤、肥料和根瘤菌供给养分，应根据这一原理计算肥料施用量。

可按土壤肥力决定目标产量，也可按当地3年平均产量增加5%～10%作为目标产量。

又可分为养分平衡法和地力差减法。

（1）养分平衡法：概念清楚，容易掌握；但土壤测定值是相对量，还需通过试验取得校正系数，校正系数变异性大。

花生单位产量养分吸收量×目标产量＝花生吸收养分量。

土壤养分测定值×0.15×校正系数=土壤供肥量。

土壤养分测定值以mg/kg表示。

0.15是土壤耕层养分测定值换算成亩土壤养分含量的系数。

校正系数：表示土壤测定值和作物产量的相关性。

校正系数=空白区产量×作物单位产量吸收养分量/土壤测定值×0.15

例如，某农户花生田每亩的目标产量为300kg，测定土壤速效氮含量为60mg/kg，速效磷含量为30mg/kg，速效钾含量为90mg/kg，求需肥量。

则需肥量为：

花生吸收氮素量=0.05×300=15（kg）

土壤供肥量=60×0.15×0.55=4.95（kg）

需尿素：（15-4.95）/（0.46×0.50）=43.7（kg）

花生氮素60%来自根瘤固氮，实际施氮量按计算量的40%折算，即每亩施尿素17.48kg即可。

花生吸收磷素量=0.01×300=3.0（kg）

土壤供肥量=30×0.15×0.55=2.475（kg）

需普钙：（3.0-2.475）/（0.12×0.20）=21.88（kg）

实际每亩施普钙21.88kg即可。

花生吸收钾素量=0.017×300=5.1（kg）

土壤供肥量=90×0.15×0.55=7.425（kg）

土壤供钾量大于花生吸收钾素量，可咱不施钾肥。

（2）地力差减法：适于无测试手段的地区。但空白田产量受多种因素影响，无法表达多种元素中某种元素的丰缺情况。

例如，某农户花生田，每亩空白田产量为150kg，目标产量为300kg。则每亩应施尿素量为：

尿素用量=0.05×（300-150）/0.46×0.50=32.6（kg）

按60%氮素来自根瘤菌固氮，则实际每亩应施尿素 13.04kg。

过磷酸钙用量 = 0.01 × （300 − 150）/0.18 × 0.20 = 41.7（kg）

每亩应施过磷酸钙量为 41.7kg。

3. 豫北潮土区麦套花生施用钙肥效果探讨

花生是需钙较多的作物，对钙素的营养水平要求较高。施用钙肥能调节土壤酸碱度，改善花生的营养环境，促进土壤微生物的活动，促进花生根系和根瘤的发育及花生荚果的形成、膨大和饱满，提高饱果率。土壤中缺钙花生植株生长缓慢，根系细弱，幼嫩茎叶发黄，致使果重降低，饱果减少，影响产量。潮土的成土母质来源于黄土高原的黄土物质，富含钙素。但速效性不高，近年来随着生产水平的提高，在需钙较多的花生作物上出现了一些缺钙症状，增施钙肥有较好的增产作用。为了探讨钙肥肥效和最佳用量，我们进行了花生施用钙肥试验。

（1）试验区土地基本情况：试验在豫北轻壤质托潮土地区进行，土地平坦，灌溉方便，前茬作物为小麦，亩产水平 350kg 左右，5 月下旬套播夏花生，品种为海花一号，亩种植密度 7 500穴左右，每穴两株。试验地有机质含量 0.86% ~1.032%，全氮含量 0.034% ~0.066%，碱解氮含量 67 ~75mg/kg，速效磷（$P_2O_5$）含量 10 ~15mg/kg，速效钾（$K_2O$）含量 130 ~137mg/kg，碳酸钙含量 7% ~8%。

（2）试验材料与处理情况：试验用钙肥为硫酸钙，含量 90%，每试验点设 3 个处理 3 次重复，试验小区面积为 0.2 亩，各区田间管理措施均按花生高产栽培技术要求进行。在初花期亩施尿素 10kg，过磷酸钙 40kg，只有钙肥施用量不同，处理Ⅰ为亩施硫酸钙 30kg，处理Ⅱ为亩施硫酸钙 60kg，处理Ⅲ为对照 CK（不施钙肥）。

（3）考种情况与产量结果：收获时每区连续取 20 穴考种，

整区收获计产，其结果见下表。

**表　钙肥不同处理考种与计产表**

| 项目处理 | 主茎高/cm | 有效枝长/cm | 总分枝/个 | 穴总果数/个 | 穴饱果数/个 | 饱果率/% | 百果重/g | 百仁重/g | 出仁率/% | 亩产量/kg | 处理Ⅰ、处理Ⅱ与对照比 | |
|---|---|---|---|---|---|---|---|---|---|---|---|---|
| | | | | | | | | | | | 亩增产量/kg | 增幅/% |
| Ⅰ | 40 | 34.6 | 10.6 | 28.6 | 20.9 | 73.1 | 132.6 | 99.4 | 75.0 | 326.5 | 100 | 44.2 |
| Ⅱ | 37 | 32.7 | 11.2 | 27.9 | 19.0 | 68.1 | 127.6 | 99.8 | 78.2 | 284.5 | 58 | 25.6 |
| Ⅲ | 32 | 29.9 | 9.7 | 27.8 | 16.3 | 58.6 | 118.5 | 78.9 | 66.7 | 226.5 | | |

从表中可以看出，施用钙肥的两个处理均比对照的分枝数、有效分枝长度、穴果数、穴饱果数、百果重、百仁重、出仁率及产量有不同程度的增加，以处理Ⅰ亩施30kg硫酸钙效果较好，比不施钙肥的对照处理分枝数增加0.9个；穴果数增多0.8个；穴饱果数增加4.6个，增加28.2%；饱果率提高14.5个百分点；百果重增加14.1g，增加11.9%；百仁重增加20.5g，增加26%；出仁率提高8.3%，亩产增加100kg，增产44.2%。处理Ⅱ亩施60kg硫酸钙虽有一些效果，但比处理Ⅰ效果降低。另据7月下旬田间观察，施钙肥的小区比对照小区叶色发绿，处理区没有出现黄化叶片，对照区黄化叶片明显较多。

（4）钙肥肥料效应分析：从各试验点产量结果看，均为处理Ⅰ：亩施30kg硫酸钙产量最高（见图）。处理Ⅱ：亩施60kg硫酸钙产量下降，说明钙肥一次性施用量过大，反而影响产量，符合肥料报酬递减规律，把试验点平均产量按肥料效应方程：“$Y=b_0+b_1X+b_2X^2$”回归，得出钙肥在中上等肥力轻壤质潮土区夏花生上肥料效应方程：“$Y=226.7+5.7X-0.079X^2$”。

推测效应方程最大钙肥施用量为：

$X=b_1\div(-2b_2)=36.1$（kg），代入效应方程得最高产量

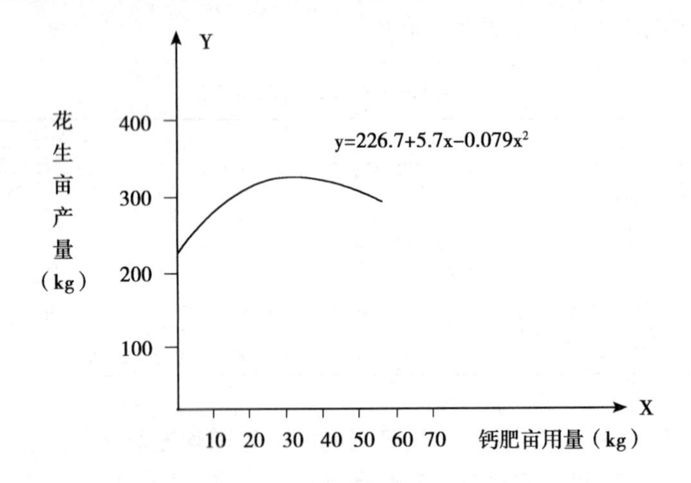


图　硫酸钙肥料施用量与花生产量效应关系

施肥量 Y = 329.5（kg），若花生按市场价格每千克 6.0 元计算，硫酸钙肥料按市场价格每千克 0.2 元计算，最佳经济效益施肥量为：$X = (b_1 \times P_y - P_x) \div (-2 \times b_2 \times P_y) = 35.9$（kg），代入效应方程得最佳产量施肥量 Y = 329.5（kg）。

（5）结论：该试验表明，在含钙量较高的潮土区，随着花生生产水平的不断提高，花生对钙素的营养水平要求也随之提高，在满足有机肥和其他大量元素化肥施用后，钙素将成为提高花生生产水平的主要营养限制因素，增施钙肥能有效改善营养条件，显著提高饱果率和果、仁重，增产增效突出。但要注意钙肥的合理用量，一次施用量不能过大，过量施用对产量的影响也很明显。在目前条件下，亩施用量不能超过 35kg，另外，钙肥施用量过大是否对下茬作物产量有影响和是否能连年施用还需进一步探讨。

4. 叶面喷施复合微肥效果探讨

花生生长不但需要氮、磷、钾、钙等大量元素，铁、硼、锰、钼、锌、硫等微量元素也不可缺少。随着近年来生产水平的提高，一方面对微量元素肥料的需求量增加，使微肥供不应求；另一方面随着一些大量元素肥料的大量施用，与某些微量元素拮抗作用增强使微肥有效性降低，呈缺乏状态，已成为限制产量的主要因素。生产实践证明，目前，一些花生田块缺铁、硼、锰等微量元素症状比较明显，施用以上微量元素肥料增产效果显著。

## 四、花生施肥技术与不同肥力类型的施肥推荐

科学平衡施肥，保障花生一生对各种营养的需求是获得高产和优质的技术关键，同时，也是防止花生病虫为害和减少农药使用的重要措施。根据花生需肥特点和肥力类型，合理选用各种肥料配方施用，以提高花生产量和改善品质，是当前花生生产的关键技术之一。花生施肥的原则为：有机肥为主，无机肥为辅。春播花生施足基肥，适当追肥，春花生特别是地膜覆盖春花生基肥应占总肥量的80%～90%，在播前整地时施用，施肥量大时，也可留少部分结合起垄集中沟施或穴施，始花期适量追施氮肥钙肥。麦套夏花生以追肥为主，有机肥、磷肥和氮肥、钙肥一次在始花期追施。中后期搞好叶面施肥，可喷施磷酸二氢钾溶液、过磷酸钙澄清液、多元复合微肥溶液等。一般中产田块，可亩施有机肥2 000kg，纯氮4～5kg，五氧化二磷4kg左右，硫酸钙肥30～35kg；高产田块可亩施有机肥2 000kg以上，纯氮6kg左右，五氧化二磷5～6kg，氧化钾5kg左右，硫酸钙肥30～35kg。另外，播种时用根瘤菌剂拌种能有效地增加根瘤菌数量，增强固氮能力。

# 第五章　春花生高产栽培新技术

## 一、深耕改土，精细整地，轮作换茬

### （一）花生对土壤的要求

花生耐旱、耐瘠性较强，在低产水平时，对土壤的选择不甚严格，在瘠薄土地上种植产量不高，但花生也是深耕作物，有根瘤共生，并具有果针入土结果的特点，高产花生适宜的土壤条件应该是排水良好、土层深厚肥沃、黏沙土粒比例适中的沙壤土或轻壤土。该类土壤因通透性好，并具有一定的保水能力，能较好地保证花生所需要的水、肥、气、热等条件，花生耐盐碱性差，pH 值为 8 时不能发芽。花生比较耐酸，但酸性土中钙、磷、钼等元素有效性差，并有高价铝、铁的毒害，不利于花生生长。一般认为，花生适宜的土壤 pH 值为 6.5 ~ 7。

### （二）改土与整地措施

春花生目前还大多种植在土壤肥力较瘠薄的沙土地上，一些地块冬春季还受风蚀危害，不同程度地影响着花生产量的提高，所以要搞好深耕改土与精细整地工作，为花生高产创造良好的土壤环境条件。

1. 增施有机肥

这是一项见效快、成效大的措施，有机肥不但含有多种营养元素，而且还是形成团粒结构的良好胶结剂，其内含的有机胶体，可以把单粒的细沙粒胶结成团粒，以改变沙土的松散与结构不良的状态。坚持连年施用有机肥，还能调节土壤的酸碱度，使碱性偏大的土壤降低 pH 值。

2. 深耕深翻加厚活土层

深耕深翻后增加了土壤的通透性，能加速土壤风化，促使土壤微生物活动，使土壤中不能溶解的养分分解供作物吸收利用。若年年坚持深耕深翻，并结合有机肥料的施用，耕作层达到生熟土混合，粪土相融，活土层年年增厚，成为既蓄水保肥，又通气透水、抗旱、耐涝的稳产高产田。注意一次不要耕翻太深，可每年加深 3 ~ 4cm，至深翻 33.3cm。深翻 33.3cm 以上，花生根系虽有下移现象，但总根量没有增加，故无明显增产效果。

3. 翻淤压沙或翻沙压淤

根据土壤剖面结构情况，沙下有淤的可以翻淤压沙，若淤土层较薄，注意不要挖透淤土层；淤下有沙的可翻沙压淤，进行土壤改良。

精细整地是丰产的基础，也是落实各项增产技术措施的前提。实践经验证明，精细整地对于达到苗全、苗壮，促进早开花、多结果有重要作用。春花生地要及早进行冬耕，耕后晒垡。封冻前要进行冬灌，以增加底墒，防止春旱，保证适时播种。另外，冬灌还可使土壤踏实，促进风化，冻死虫卵及越冬害虫。冬灌一般用犁冲沟，沟间距 1m 左右为宜，使水向两面渗透，水量要大，开春后顶凌耙地，切断毛细管，减少水分蒸发保墒。

起垄种植是提高花生产量的一项成功经验，对增加百果重和百仁重及出仁率均有显著作用，一般可增产 20% 以上。它能加厚活土层，使结实层疏松，利于果针下扎入土和荚果发育，能充分发挥边行优势。起垄后三面受光，有利于提高地温，据试验，起垄种植的地块土壤温度比平栽的增加 1 ~ 1.5℃，有利于形成壮苗。起垄的方式一般有两种：一是犁扶埂，两犁一垄，高 15cm 左右，垄距 40cm 左右，每垄播种 1 行花生，穴距根据品种密度而定，一般 19 ~ 20cm，每穴两粒；二是起垄双行，垄距

70～80cm，大行距 40～50cm，小行距 24～30cm，然后再根据品种密度确定穴距，一般 19～20cm，每穴播两粒。今后应积极推广机械起垄播种，以提高工效。

**（三）合理轮作**

花生“喜生茬，怕重茬”，轮作倒茬是花生增产的一项关键措施。试验证明，重茬年限越长，减产幅度越大。一般重茬一年减产 20% 左右，重茬两年减产 30% 左右。花生重茬减产的主要原因有以下 3 个方面。

（1）花生根系分泌物自身中毒。其根系分泌的有机酸类，在正常情况下，可以溶解土壤中不能直接吸收的矿质营养，并有利于微生物的活动。但连年重茬，使有机酸类过多积累于土壤中，造成花生自身中毒，根系不发达，植株矮小，分枝少，长势弱，易早衰。

（2）花生需氮、磷、钾等多种元素，特别对磷、钾需要量多，连年重茬，花生所需营养元素大量减少，影响正常生长，结果少，荚果小，产量低。

（3）土壤传播病虫害加重。如花生根结线虫病靠残留在土壤中的线虫传播；叶斑病主要是借菌丝和分生孢子在残留落叶上越冬，翌春侵染危害。重茬花生病虫为害严重，造成大幅减产。

各地可根据实际情况，合理安排轮作倒茬。主要轮作方式有：

①花生－冬小麦－玉米（甘薯或高粱）－冬小麦－花生

②油菜－花生－小麦－玉米－油菜－花生

③小麦－花生－小麦－棉花－小麦－花生

## 二、施足底肥

根据花生需肥特点和种植土壤特性及产量水平，应掌握有机肥为主、无机肥为辅、有机无机相结合的施肥原则，在增施有机肥的基础上，补施氮肥，增施磷肥、钾肥和微肥。春花生主要依靠底肥，施用量应占总施用量的 80% ~ 90%，所以，要施足底肥，一般中产水平地块，可亩施有机肥 2 000kg，过磷酸钙 30 ~ 40kg，若能与有机肥混合沤制一段时期更好，碳铵 20kg 左右，以上几种肥料可结合起垄或开沟集中条施。高产地块，可亩施有机肥 2 000 ~ 3 000kg，过磷酸钙 40 ~ 50kg，碳铵 30kg 左右，采用集中与分散相结合的方法施用，即 2/3 在播前耕地时作基肥撒施，另 1/3 在起垄时集中沟施。

## 三、选用良种、适时播种、确保全苗

1. 选用良种

良种是增产的内因，选用良种是增产的基础。在品种选用方面应根据市场需要、栽培方式、播期等因素合理选用优良品种类型和品种。

2. 播前晒种，分级粒选

播种前充分曝晒荚果，能打破种子休眠，提高生理活性，增加吸水能力，增强发芽势，提高发芽率。一般在播种前晒果 2 ~ 3 天，晒后剥壳，同时，选粒大、饱满、大小一致、种皮鲜亮的子粒作种，不可大小粒混合播种，以免形成大小苗共生，大苗欺小苗，造成减产。据试验，播种一级种仁，比播混合种仁的增产 20% 以上；播种二级种仁，比播混合种仁的增产 10% 以上。

3. 适期播种，提高播种质量

春花生播种期是否适时对产量影响较大。播种过早，影响花芽分化，而且出苗前遇低温阴雨天气，容易烂种；播种过晚，不能充分利用生长期，使有效花量减少，影响荚果发育，降低产量和品质。花生品种类型不同，发芽所需温度有所差别，珍珠豆形小花生要求5cm地温稳定在15℃以上时播种。中原地区一般在谷雨至立夏，即4月下旬至5月上旬为春花生适播期。在此期间内要视当年气温、墒情适时播种。

播种时要注意合理密植，一般普通直立型大花生春播密度应掌握在8 000～9 000穴，每穴两粒。可采用挖穴点播、冲沟穴播或机械播种的方式，无论采用哪种播种方式，都要注意保证播种均匀，深浅一致，一般适宜深度为5cm左右，播后根据墒情适当镇压。

## 四、田间管理

田间管理的任务是根据花生不同生长发育阶段的特点和要求，采取相应的有效措施，为花生长创造良好的环境条件，促使其协调一致地生长，从而获得理想的产量。

1. 查苗补种

一般在播后10～15天进行，发现缺苗，及时进行催芽补种，力争短期内完成。也可在花生播种时，在地边地头或行间同时播种一些预备苗，在花生出土后，针叶展开之前移苗补种，移苗时要带土移栽，注意少伤根，并在穴里少施些肥和灌些水，促其迅速生长，赶上正长植株。

2. 清棵

清棵就是在花生出苗后把周围的土扒开，促子叶露出地面。清棵增产的原因有以下几点：一是解放了第一对侧枝，使第一对侧枝早发长出，直接受光照射，节间短粗，有利于第二级分枝和基部花芽分化，提早开花，多结饱果，并能促使有效花增多，开花集中。二是能够促进根系下扎，增加耐旱能力。三是能清除护根草，减轻蚜虫为害，保证幼苗正常发育。清棵一般在齐苗后进行，不可过早，也不宜过晚。方法是在齐苗后用小锄浅锄一次，同时，扒去半出土的叶子周围的土，让子叶刚露出地面为好。注意不要损伤子叶，不能清得过深，对已全部露出子叶的植株也可不清，在清棵后 15 ~ 20 天，结合中耕还应进行封窝，但不要埋苗。

3. 中耕除草培土

花生田中耕能疏松表土，改善表土层的水肥气热状况，促进根系与根瘤的生长发育，并能清除杂草和减轻病虫为害，总的要求是土松无草。一般须中耕 3 ~ 4 次，各地群众有头遍刮，二遍挖，三遍四遍如绣花的中耕经验，即第一次在齐苗后结合清棵进行，需浅中耕，可增温保墒，注意不要压苗。第二次在清棵后 15 ~ 20 天结合封窝进行，这时第一对侧枝已长出地面，要深锄细锄，行间深，穴间浅，对清棵的植株进行封窝，但不要压枝埋枝。这次中耕也是灭草的关键，注意根除杂草。第三次、第四次在果针入土前或刚入土时，要浅锄细锄，不要伤果针，使土壤细碎疏松，为花生下针结果创造适宜条件。

起垄栽培的花生田还要注意进行培土，适时培土能缩短果针与地面的距离，促果针入土，增加结实率和饱果率，同时，还有松土、锄草、防涝减少烂果作用。注意培土早了易埋基部花节，晚了会碰伤果针和出现露头青果，一般在开花后 15 ~ 20 天封垄前的雨后或阴天进行为宜。方法是在锄钩上套个草圈，在行间倒退深锄猛拉，将土壅于花生根茎部，使行间成小沟。培土时应小心细致，防止松动或碰伤已入土的果针。

4. 追肥与根外喷肥

苗期始花期苗情追施少量氮肥促苗，一般亩施硫铵 5kg 左右，开花后花生对养分需要剧增，根据花生果针、幼果有直接吸收磷、钙元素的特点，高产田块或底肥不足田块，在盛花期前可亩追施硫酸钙肥 30 ~ 35kg，以增加结果层的钙素营养。花生叶片吸肥能力较强，盛花期后可叶面喷施 2% ~ 3% 的过磷酸钙澄清液或0.2%的磷酸二氢钾溶液，每亩每次50kg左右，可10天1次，连喷2~3次。同时，还要注意喷施多元素复合微肥。

5. 合理灌排

花生是一种需水较多的作物，总的趋势是“两头少、中间多”，根据花生的需水规律，结合天气、墒情、植株生长情况进行适时灌排。如底墒充足，苗期一般不浇水，从开花到结果，需水量最多，占全生育期需水量的50%~60%。此期如遇干旱应及时灌水，要小水细浇，最好应用喷灌。另外，花生还具有“喜涝天，不喜涝地”和“地干不扎针，地湿不鼓粒”的特点，开花下针期正值雨季，如遇雨过多，容易引起茎叶徒长，土壤水分过多通气不良，也影响根系和荚果的正常发育，从而降低产量和品质，因此，还应注意排涝。

6. 合理应用生长调节剂

花生要高产必须增施肥料和增加种植密度，在高产栽培条件下，如遇高温多雨季节，茎叶极易徒长，形成主茎长，侧枝短而细弱，田间郁弊而倒伏造成减产。所以，在高水肥条件下应注意合理应用植物生长调节剂来控制徒长，可避免营养浪费，使养分尽可能地多向果实中转化，从而提高产量。该措施也是花生高产的关键措施之一。目前，防止花生徒长常用的植物生长调节剂有烯效唑、缩节胺、壮饱安等，喷施时间相当重要，如喷得过早，不但抑制了营养生长，而且也抑制了生殖生长，施果针入土时间延长，荚果发育缓慢，果壳变厚，出仁率降低，反而影响产量；如喷施过晚，起不到控旺作用。据试验，适宜的喷施时间是盛花末期，因为此期茎蔓生长比较旺盛，荚果发育也有一定基础，喷施后能起到控上促下的作用。一般在始花后30~35天，可亩用5%的烯效唑可湿性粉50g，加水40~50kg或亩用缩节胺原粉6~8g，加水40~50kg叶面喷施1次；若仍有旺长趋势，可在始花后40~45天，再喷施一次于顶叶，以控制田间过早郁弊，促进光和产物转化速率，提高结荚率和饱果率。注意调节剂在使用时要严格掌握浓度，干旱年份还可适当降低使用浓度；一次高浓度使用不如分次低浓度使用；在晴朗天气时施用效果较好。

## 五、收获与贮藏

花生是无限开花习性，荚果不可能同时成熟，故收获之时荚果有饱有秕。花生收获早晚和产量及品质有直接关系，收获过早，产量低，油分少，品质差；而收获过晚，果轻，落果多，损失大，休眠期短的品种易发芽，且低温下荚果难干燥，入仓后易发霉，另外也影响下茬作物种植。一般花生成熟的标致是地上植株长相衰退，生长停滞，顶端停止生长，上部叶片的感液运动不灵敏或消失，中下部叶片脱落，茎枝黄绿色，多数荚果充实饱满，珍珠豆形早熟品种的饱果指数达 75% 以上；中间型早中熟大果品种的饱果指数达 65% 以上；普通型中熟品种的饱果指数达 45% 以上。大部分荚果网纹清晰，种皮变薄，种粒饱满呈现原品种颜色。黄淮海农区一般在 9 月份中旬收获，一些晚熟品种可适当晚收，但当日平均气温在 12 ℃以下时，植株已停止生长，而且茎枝很快枯衰，应立即收获。

收获花生劳动强度大，用工较多，推行机械收获是目前花生生产上亟须解决的问题。根据土壤墒情，质地和田块大小及品种类型等不同，目前，有拔收、刨收和犁收等方法。不论采取哪种收获方法，在土壤适耕性良好时进行较好，土壤干燥时易结块，抖土困难，增加落果。

花生收获后如气温较高随即晾晒，有条件的可就地果向上，叶向下晒，摇果有响声时摘果再晒。待荚果含水率在 10% 以下，种仁含水率在 9% 以下时，选择通风干燥处安全贮藏。

# 第六章　麦套夏花生高产栽培新技术

麦垄套种花生，可以充分利用生长季节，提高复种指数，达到粮油双丰收。随着生产条件的改善，生产技术水平的提高和人均耕地的减少，麦套种植方式在花生主要产区发展很快，已成为花生主要种植方式，如何提高其产量，应根据麦套花生的特点，抓好以下几项栽培措施。

## 一、精选良种

根据麦垄套种的特点，麦垄套种种植应选用早中熟直立型品种，并精选饱满一致的籽粒作种，使之生长势强，为一播全苗打好基础。

## 二、适时套播，合理密植

适时套播，合理密植可充分利用地力、肥力、光能资源，协调个体群体发育，达到高产。一般夏播品种每亩穴数以 9 000 ~ 10 000穴为宜。单一种植花生以 40cm 等行距，17 ~ 18cm 穴距，每穴两粒。一般麦垄套种时间应在麦收前 15 天左右，麦套花生播种后正是小麦需水较多的时期，此时田间对水分的竞争比较激烈，应注意保证足墒，也可采取先播后浇的方法，争取足墒全苗。

## 三、及早中耕，根除草荒

花生属半子叶出土的作物，及早中耕能促进个体发育，促第一侧枝、第二侧枝早发育，提高饱果率。特别是麦套花生，麦收后土壤散墒较快，易形成板结，不及早中耕，蔓直立上长，影响第一对、第二对侧枝发育，所以麦收后应随即突击中耕灭茬、松土保墒、清棵除草。花生后期发生草荒对产量影响较大，且不易清除，所以，要注意在前期根除杂草。严重的地块可选用适当的除草剂进行化学防治，可在杂草三叶前亩用 10.8% 的高效盖草能 25～35ml 对水 50kg 喷洒。

## 四、增施肥料，配方施肥，叶面喷肥

增施肥料是麦套花生增产的基础。施肥原则是在适当补充氮肥的基础上重施磷肥、钙肥及微肥，在中后期还应视情况喷施生长调节剂。一般地块在始花期每亩施用 10～15kg 尿素和 40～50kg 过磷酸钙，高产地块还应增施 10～20kg 硫酸钙。在此基础上，中后期还应叶面喷施微肥和生长调节剂，以防叶片发黄、过早脱落和后期疯长。施用植物生长调节剂可参照春花生栽培技术要点。

## 五、合理灌水和培土

根据土壤墒情和花生需水规律，在开花到结荚期注意灌水。麦垄套种花生多为平畦种植，所以在初花期结合追肥中耕适当进行培土起小垄，增产效果较好，但要注意不要埋压花生生长点。

## 六、适时收获，安全贮藏

气温降到12℃以下，在植株呈现出衰老现象，顶端停止生长，上部叶片变黄，中下部叶片脱落，地下多数荚果成熟，具有本品种特征时，即可收获。随收随晒，使含水量在10%以下，贮藏在干燥通风处，以防霉变。

# 第七章　春花生地膜覆盖高产栽培新技术

花生地膜覆盖栽培技术1979年由日本引入我国，它是一项技术性较强和有一定生产条件的综合性技术措施，也是人工改善农田生态环境的综合性措施，经过多年的实践和创新，已形成了一套具有我国特色的花生地膜覆盖栽培技术体系，也已成为我国花生栽培的主要方式之一，适用于亩产400kg以上的高产田块栽培。同时，地膜花生结荚集中，饱果率高，质量好，对于提高产量、改善品质发挥了积极作用。

## 一、地膜覆盖花生增产机理

### （一）增温调温促进花生的生育进程

地温的提高是地膜覆盖的主要作用之一。塑料地膜的透明度高，透过地膜的太阳能被土壤吸收转化为热能。使地温提高，同时地膜又可将地表与外部空气隔断，防止地面热量向外部散出，从而起到增温保温作用。在春花生生育中期自然高温阶段，由于覆膜花生群体覆盖度大，遮挡了太阳辐射热能直接到达地面，又阻隔了外部汽化热的通过，从而抑制了地温的上升，起到了调温的作用。

### （二）保墒提墒和控水防涝增强了花生的抗旱耐涝能力

地膜覆盖具有良好的保墒提墒功能，由于地膜的不透气性和阻隔作用，白天土壤水分汽化为水蒸气到达地膜下面，形成小水珠附着在膜面上，不能随即散失到空气中；到夜间气温降低时，水蒸气凝结成的小水珠越来越多，体积越来越大，又从膜面滴回到土壤中。这样往返蒸上滴下，保持了膜内土壤湿润，起到了保墒作用。当久旱无雨时，膜内耕层水分因花生吸收减少时，由于土壤温度上层高于下层，土壤深层的水分，通过毛细管作用逐渐向地表运动，不断补充耕层的土壤水分，始终保持膜下土壤的湿润，起到提墒作用。若遇汛期和秋涝，由于覆膜花生良好的排水条件和水分必须通过垄沟下渗，再横向浸润到膜下垄内的限制，土壤相对含水量较露地栽培为低，维持了土壤适宜的水分和通透性，较好地起到了防涝的作用。

**（三）改善了土壤物理性状，促进了根系发育和果针的入土结实**

地膜覆盖栽培花生，地膜与地面紧密接触，形成了保护层，减轻了降雨对地表的冲击力，防止了地表板结；花生生育期间，除垄沟中耕除草外，垄面处于免耕状态，避免或减少了人、畜田间作业践踏，从而保持土壤疏松、通透性良好；花生干旱时，主要采用沟渠和小水润灌的灌溉方式，水分只能从垄两侧渗透到垄内花生根系部位的土壤中，防止了如平栽花生因大水漫灌而造成的土壤板结，始终保持花生根系土壤松暄，为花生的根系发育和下针结实创造了适宜的土壤环境。

**（四）促进了土壤微生物的活动，土壤中有效养分增加**

覆膜后土壤湿度增加，温度升高，通气性增强，促进了土壤中好气微生物的活动和各种酶的活性，加速了土壤中营养物质的分解与转化，土壤中有效养分明显增加；覆膜后，地表养分不会因降雨灌水而引起流失，养分向下层土壤渗透的现象也大为减轻，土壤保肥能力增加。花生覆膜栽培，土壤增肥又保肥，为花生的生长发育提供了更多营养物质，为高产奠定了基础。

**（五）改善了田间小气候，提高了花生光合效率**

花生覆膜后，膜与膜下附着的细微水滴，增强了对阳光辐射的反射能力，可增加花生株间与行间的光照强度；地膜表面光滑，减少了空气流动的阻力，加快了风速，从而促进了空气中二氧化碳的循环。地膜覆盖栽培温度同、光照足、湿度适宜、叶面积大、二氧化碳增多，花生群体的光合产量和净光合率高。

**（六）控制无效果针入土，提高荚果饱满度**

花生的开花结实存在着花多不齐、针多不实和果多不饱 3 个问题。因此，大量的无效花、无效果针和幼果成为花生果多果饱的限制因素，人为控制尚无成功措施。实践证明，花生地膜覆盖栽培，能有效地抑制高节位的无效果针入土，减少单株无效结实率，提高饱满率。

## 二、播前准备

**（一）整地起埂**

选择地势平坦、土层深后、保水保肥的中等以上肥力地块，且 2～3 年没有种植花生的沙壤土地块进行地膜覆盖种植，一般要求土层深 50cm 以上，活土层 20cm 以上，土壤有机质含量 1.0% 以上，全氮含量高于 0.04%，速效磷 15mg/km$^2$ 以上，速效钾不低于 90mg/km。整地前亩施优质有机肥 4 000kg 以上，标准氮肥 20～25kg，饼肥 40～50kg，深耕 20cm 左右把肥翻入底下，另亩施过磷酸钙 40～50kg 撒于垡头，耙入土壤中，如冬耕只施有机肥和饼肥，在早春再浅耕，耕时施磷肥和氮素化肥并及时耙耱保墒，达到土壤细碎，地面平整，无根茬。播种前 5～6 天起埂作畦，畦的方向与风向平行，一般以南北向为好，既光照充分，又能减轻春季风力对覆盖薄膜的掀刮，提高覆盖质量。起埂规格一般为：埂距 90cm，埂高 12cm，沟宽 30cm，埂面 60cm。

**（二）选用优良品种**

选用高产优良品种，是覆膜栽培夺取高产的重要条件之一。

覆膜栽培春花生可选用适应性广、抗逆性强、增产潜力大、株型直立、分枝中等、开花结果比较集中、荚果发育速度快、饱果率及出仁率较高的品种。播前带壳晒种2~3天，晒后剥壳，分级粒选，剔除秕粒、病虫粒、破损粒、霉变粒，选用籽粒饱满的一级种仁作种。要求种子发芽势强，发芽率大于95%，种子纯度达到97%。播前用种子重量0.3%的50%多菌灵可湿性粉剂拌种，消毒灭菌。具体方法是先将种子用清水湿润，按比例对入药粉搅拌，使药粉均匀附着于种子表面。

### （三）选好地膜

选好地膜是花生地膜覆盖栽培的中心环节，地膜质量的好坏又是决定栽培成败的关键。地膜过薄，强度弱，不受风沙吹刮；过厚，果针又难以穿透，且薄膜也不易紧贴在畦面上，更起不到增温、保墒、疏松土壤、抑制杂草的作用。一般可选用以下几种类型的地膜。

①膜宽80~90cm，膜厚0.012~0.015mm的高压聚乙烯透明膜。

②膜宽80~90cm，膜厚0.006mm的聚乙烯低压膜。

③膜宽80~90cm，膜厚0.008mm的线型膜。

## 三、适时播种覆膜

播种覆膜是地膜覆盖栽培花生夺取全苗、壮苗、保证群体增产的关键。掌握适宜的播期，提高播种质量，可以充分而有效地利用前期热量资源，增加积温，促进早发，争取更长生育期，增加更多干物质的积累，是发挥薄膜覆盖栽培增产作用的又一个重要环节。

### （一）适宜播期的确定

春播地膜花生适宜播期的确定要考虑3个因素：一是当地终

霜期；二是覆膜栽培从播种到出苗的天数；三是花生种子发芽需要的最低温度。实践证明，播期过早，地温低，发芽迟缓，易遭烂芽缺苗；播种过晚，又降低了覆膜增温作用，不能更好地发挥地膜覆盖栽培的经济效益。一般年份 4 月 10 ~ 20 日是中原地区地膜覆盖花生的适播期。但在不同年份、不同地区可根据地温变化灵活掌握。一般在露地土壤 5cm 深地温稳定在 13℃ 以上（膜内 5cm 地温稳定在 15℃以上）时播种。

**（二）播种与覆膜**

花生播种后随即盖膜是地膜花生应用比较普遍的一种方式。也有播种前 5 ~6 天盖膜的，待地温升高后，用打孔器打孔播种。不论哪种播种方法，播种时都要按品种种植要求播种，一般中熟大果型品种每亩 8 000 ~10 000穴，早熟中果型品种每亩 9 000 ~11 000穴。每埂种两行花生，宽窄行种植，播种行外侧到埂边缘不少于 15cm，小行距 30cm，打行距 60cm，穴距 16. 5 ~18. 5cm，注意掌握等穴距挖穴，穴深 3cm，每穴播两粒，深浅一致，种仁平放，播后覆土镇压。一般每亩用一级种 12 ~14kg。

地膜花生覆膜后不易进行中耕除草 ，因此，播种后对不喷除草剂的地膜覆盖田，在覆膜前应先喷施除草剂，再覆膜，据试验，拉索除草剂灭草效果好，亩用量 0. 2kg，对水 75 ~80kg 稀释后均匀喷洒埂面，注意每亩用量超过 0. 3kg 时，对花生根瘤有抑制作用。另外，采用 60% 杀草胺与 40% 除草醚乳粉按 1 ∶1. 5 比例配合成杀草醚，亩用量 0. 4kg，除草效果也较好。若用氟乐灵，每亩用量以不超过 0. 1kg 为宜。使用除草剂要特别注意施用方法和用量，以免因用量过多而造成死苗减产。

花生地膜覆盖应使用无孔透明薄膜，以采用打孔、点水、下种、盖土四道工序连续作业的播种法比较适宜，要求膜孔孔眼大小及深浅一致（孔眼 4. 2cm，深度 3. 5cm），均匀等距两粒点种，5 ~10cm 土壤绝对含水量不能低于 15% 。盖膜时要轻放，伸平拉紧，使地膜紧贴地面尽量无皱纹，四周封平压牢，每隔 3～5m 横压一条防风带。先覆膜后播种，播后膜孔周围要用土压严实。

## 四、田间管理

花生地膜覆盖栽培的实质，就在于创造一个良好的生长环境条件，满足花生高产发育的需要。只有在良好的田间管理措施配合下，才能最大限度地发挥土、肥、水、种、密等各项技术措施的增产作用。所以，播种覆膜后就要及时进行管理工作。

### （一）查田护膜

播种盖膜以后，要有专人查田护膜，发现刮风揭膜或膜破损透风，及时用土盖严压牢，确保增温保墒效果。

### （二）破膜放苗

先播种或盖膜的，花生幼苗出土后及时在早晨或傍晚用小刀将幼苗顶端地膜划破，使幼苗露出膜外，防止烧苗。先盖膜后播种的，花生播种 6～7 天以后，幼苗顶土快要出苗时，将膜孔上的土轻轻向四周扒开，助苗出土，防止窝苗。

### （三）清棵、补种

将幼苗根际、周围浮土扒开，使子叶露出膜外，同时注意用土将膜孔压严。发现缺苗的地方，要及时催芽（也可事先准备少量芽苗），点水补栽，确保全苗。

### （四）中耕除草

降雨和浇水后，要及时顺沟浅除、破除板结，防止杂草滋生。膜内发现杂草时，用土压在杂草顶端地膜上面，3～5 天后，杂草即窒息枯死。草苗大时用铁丝做成钩状，伸进膜孔内，将杂草除掉。

**（五）防旱排涝**

当10～20cm土壤绝对含水量低于10%时，要小水灌沟，严禁大小漫灌。6月上旬到7月下旬正值地膜花生营养和生殖生长旺盛阶段，需水较多，应注意此期防旱灌水。同时，7～8月雨水较多时，注意清理好田间沟渠，做好排水防涝工作，防止田间积水，造成烂果。

**（六）适当根际追肥和叶面喷肥**

地膜覆盖容易造成前期生长势弱，中期发育迟缓，后期脱肥早衰现象，应根据苗情适当采取根际打孔追肥，即在始花期后用扎眼器或木棍，在靠近植株5cm处扎眼5～6cm深施肥，每亩施入硫铵15～20kg或尿素10kg左右和硫酸钙30～35kg，追后用土压严，注意肥料不要掉落在叶片上，防止烧叶，土壤湿润时追施固体肥料，干旱时可追施液体肥料（即按肥与水比1∶1溶解）。7月中旬到8月上旬，花生进入饱果期，叶面喷洒0.3%的磷酸二氢钾或2%～3%的过磷酸钙澄清液1～2次。如果植株生长瘦弱，每亩还可喷洒75kg 1%的尿素溶液。另外，还应注意喷洒复合型微肥。

**（七）控制徒长**

花生结果期，植株封行过早，株高超过40cm，有徒长趋势时，应叶面喷洒植物激素防止徒长。

## 五、收获与回收残膜

地膜花生成熟期一般比不覆膜花生可提早7～10天。成熟后花生果柄老化，荚果易脱落。又由于此时地温较高，膜内土壤中病菌、水汽可通过果柄入浸荚果，造成霉烂落果，影响产量与品质。因此，正确掌握适时收获，是田间管理工作的最后一个重要环节。一般在8月下旬和9月上旬，当花生植株上部片和茎秆变黄，下部叶片逐渐脱落，大多数荚果网纹清晰，果仁饱满，呈该品种固有光泽，即可收获。收获后及时晾晒，待种子含水量低于10%时，即可入库贮藏。田间收获后，注意及时将残膜收回，防止造成白色污染。

# 第八章　夏花生地膜覆盖高产栽培新技术

过去地膜覆盖栽培技术只在春花生生产上应用，人们习惯上认为夏花生生育期处在高温季节，覆盖栽培作用不大。通过研究，在夏花生覆膜栽培增产效果也十分显著，证明夏花生覆膜栽培不仅具有温度效应，更重要的是综合调节了生育环境。随着小麦产量的不断提高，麦套花生栽培模式已经不能很好地满足生产的需要，在小麦与花生两季栽培地区，已越来越需要推广应用夏花生覆膜栽培技术。因此，近年来在一些地方迅速推广应用，并总结出一套完善的栽培技术，现介绍如下。

## 一、选择良种，搞好“三拌”

选用早熟大中果良种，是挖掘地膜夏花生高产潜力的前提。播种前每100kg种子用25%多菌灵500g拌种，有条件的地方可再加上钼酸铵以满足花生对钼肥的需要。根瘤菌拌种可增加花生根瘤菌数。“三剂拌种”有利于花生达到全苗壮苗，防病防虫，打好高产基础。

## 二、选好地膜，增产节本

20世纪80年代初，覆膜栽培技术之所以发展较慢，除了缺乏系统研究外，当时的普通地膜较厚，用量较大（一般5kg/亩），成本较高（50元/亩）也是一个大的障碍因子。80年代中期新型超薄地膜上市，它以成本低、增产效果好的优势，推动了覆膜技术的发展。据不同地膜种类试验结果，光解膜在促进夏花生生长、改善经济性状等方面优于超薄膜，但由于其光解程度受厂家生产时的温湿度影响较大，性能稳定性差，因而还有待提高产品质量。目前，生产上一般选用厚度 0.004 ~ 0.006mm 超薄膜，亩用量约 2.5kg，成本较低。

## 三、配方施肥，一次施足

根据地力情况和花生需肥规律进行配方施肥，一次施足肥料是覆膜夏花生高产的基础。根据试验结果，一般每亩可施有机肥 2 000kg，过磷酸钙 30kg，尿素 15 ~ 20kg，氯化钾 10kg，钙肥 30kg，施于结果层。麦垄套种夏花生可于春季巧施底肥，有利于小麦、花生双高产。

## 四、适期早播，适时覆膜

覆膜夏花生要在“早”字上争季节，麦垄套种夏花生，于 5 月中旬播种。套种时用竹竿做成“A”形分行器，以减轻田间操作对小麦的损伤。在小麦收获后迅速追肥，在灭茬后每亩用 72% 的都尔 100ml，对水 75kg 均匀喷洒，再覆盖地膜，采取边盖膜边打孔破膜，以防高温灼苗。夏直播花生于 6 月 10 日以前播种，一般采用两种播种方法：一是先覆膜后播种，灭茬后整地起垄，一垄双行，垄距 80cm，喷施除草剂，先覆盖地膜，再按穴距大小打孔，浇水播种，播后膜孔上放一小堆 5cm 高的细土，否则易落干缺苗。二是先播种后覆膜，播后再喷除草剂，花生齐苗后再边盖膜边打孔破膜。第二种方法可以解决在高温少雨季节，因播前覆膜和边种边覆膜引起的烧苗或落干问题，因此，在干旱、半干旱地区更有推广价值。据试验，一般条件下，夏花生以播后4～8天盖膜效果最好。上述覆盖方式各有优缺点，但都比不覆膜（对照）增产，增产效果在20%以上。

## 五、合理密植

适宜密度是覆膜夏花生的高产关键。一般夏播花生选用早熟品种，根据品种特性种植密度宜密，一般高肥力田块亩种植9 000穴左右，较低肥力田块亩种植10 000～11 000穴。垄上窄行距40cm、穴距15～20cm，每穴播种2～3粒。

## 六、及时化控，防止徒长，防倒防衰

花生开花后25～30天，每亩用5%烯效唑50g，加水50kg或亩用缩节胺原粉6～8g，加水40～50kg用背负式喷雾器均匀喷洒，能显著地延缓植株伸长生长，使主茎高度降低，侧枝长度缩短，从而有效地控制旺盛的营养生长，增强植株的抗倒能力，保持较好的群体结构。同时，能增加有效分枝，控制无效果针，促进荚果发育，增加饱果数和果重。据试验调查，喷施处理比对照其主茎高度降低14.5%，侧枝长度缩短16.6%，单株有效果增加0.5个，单株饱果数增加7.9个。

## 七、中后期叶面喷肥及防治病虫害

由于覆膜花生肥料一次底施，不进行追肥，后期易发生脱肥早衰现象，中后期根据田间苗情，应注意喷施1%～1.5%的尿素溶液防止缺氮；喷施0.3%的磷酸二氢钾溶液或2%～3%的过磷酸钙澄清液防止缺磷；喷施复合微肥溶液防止微量元素缺乏。

另外，应适时收获回收残膜。

# 第九章　花生高产间套种植模式及技术

间套种植是我国劳动人民在长期生产实践中逐步认识和掌握的一项增产措施，在我国已有两千多年的历史，也是我国农业精耕细作的一个重要组成部分。间套种植是作物种植在时间和空间上的集约化，能够充分利用光、热、水、土资源，充分发挥空间、时间、土壤资源、作物适应性互补效应，具有增产稳收，增加经济效益，改善农田生态条件的作用。由于人均耕地不断下降，耕地后备资源有限，靠扩大种植面积增加总产的潜力甚小，而提高单一作物的产量，又受品种与作物本身生理机制和现有科学技术水平等条件的限制。因此，科学应用先进农业技术，适当运用间套种植方式，充分利用空间和时间，实行集约种植，就成为提高作物单位面积产量和经济效益的根本途径。

作物间套种植，有互补也有竞争，只有根据当地现实生产条件，通过人为操作，协调好作物之间的关系，尽量减少竞争等不利因素，充分发挥互补优势，巧妙地利用自然规律，趋利避害，才能提高综合效益。总地来说，栽培上要搞好作物品种搭配组合、田间合理配置、适时播种、肥水促控和田间统管工作，间套种植才能获得成功。

花生作物茎秆较低，并且自身有较强的固氮能力，适宜于多种作物多种方式的间套种植。

根据近年来生产实践，现初步总结出以下多种较好间套种植模式，供在花生开发中参考应用。

# 一、小麦、越冬菜、花生

该模式以花生生产为主，与常规麦套花生相比，能较好地解决花生套种困难和小麦、花生争光、争时的矛盾，使花生能充分利用光热资源，充分利用侧枝结果并促使果实饱满，能有效地提高产量，从而提高综合效益。

**（一）种植模式**

一般90cm一带，种3行小麦、3行越冬菜、2行花生（图9－1，表9－1）

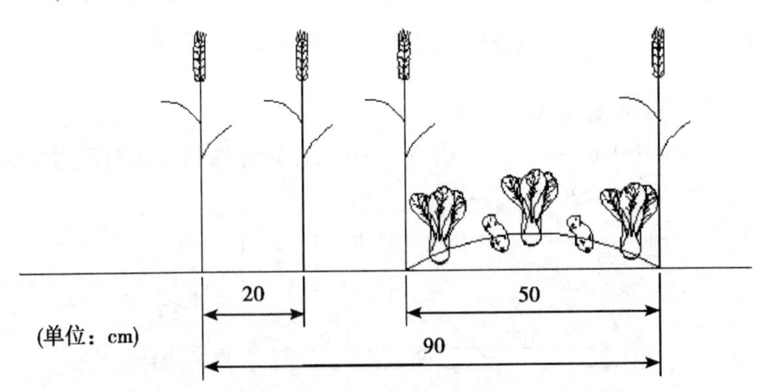


图9－1　小麦、越冬菜、花生一年三熟种植模式

表9－1　小麦、越冬菜、花生一年三熟茬口安排

| 月份 | 1 | 2 | 3 | 4 | 5 | 6 | 7 | 8 | 9 | 10 | 11 | 12 |
|---|---|---|---|---|---|---|---|---|---|---|---|---|
| 小麦 | | | | | | | | | | | | |
| 越冬菜 | | | | | | | | | | | | |
| 花生 | | | | | | | | | | | | |

### （二）主要栽培技术

小麦：选用高产优质品种，行距20cm，于10月份播在沟底，亩播量4～5kg，按小麦高产栽培技术管理，可亩产小麦350kg以上。

越冬菜：在垄背上可直播菠菜或定植越冬甘蓝、黑白菜等其他越冬菜，按照相应的高产栽培技术管理，在翌年春季上市供应。一般亩产250～800kg。

花生：选用中高产中晚熟品种。在越冬菜收后及时整地，于5月上旬在垄上播种2行花生，有条件的地方也可进行地膜覆盖种植，穴距19.5cm，每亩播种8 000穴。每穴两粒，按照花生高产栽培技术管理，一般亩产花生450～500kg。

## 二、小麦、西瓜、花生、豆角

### （一）种植模式

一般200cm一带，种植6行小麦，1行西瓜，3行花生，2行豆角（图9－2，表9－2）。

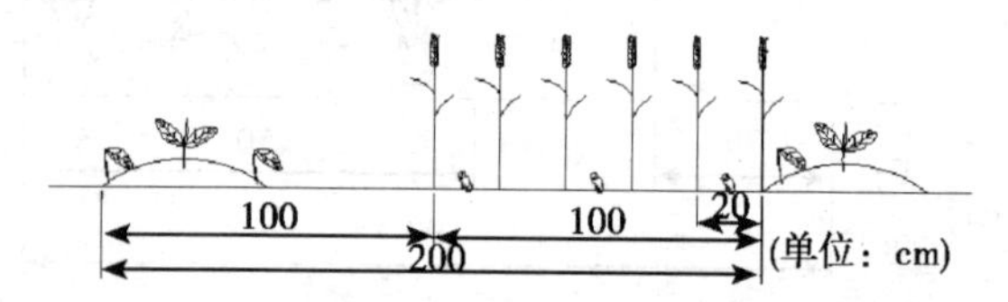


图9－2　小麦、西瓜、花生、豆角一年四熟种植模式

表9－2　小麦、西瓜、花生、豆角一年四熟茬口安排

| 月份 | 1 | 2 | 3 | 4 | 5 | 6 | 7 | 8 | 9 | 10 | 11 | 12 |
|---|---|---|---|---|---|---|---|---|---|---|---|---|
| 小麦 | — | — | — | — | — | □ |  |  |  | ○— | — | — |
| 西瓜 |  |  | ○— | — | — | — | □ |  |  |  |  |  |
| 花生 |  |  |  |  | ○— | — | — | — | — | □ |  |  |
| 豆角 |  |  |  |  |  | ○— | — | □ | □ | □ | □ |  |

### （二）主要栽培技术

小麦：选用高产优质品种，行距25cm，于10月份靠中间带适期播种，亩播量7kg左右，按小麦高产栽培技术管理，可亩产小麦400kg。

西瓜：选用早中熟品种。3月底，选择冷尾暖头的天气，浸种不催芽直播，株距43cm，每亩种植770株，按照西瓜高产栽培技术管理，一般亩产2 500kg。

花生：选用中早熟高产品种。于5月下旬小麦行间点播，穴距17～18cm，亩密度5 800～5 500穴。每穴两粒，按照麦套夏花生高产栽培技术管理，可亩产花生350kg。

豆角：选用长条类型豆角优良品种。于6月下旬在西瓜两边各点播1行，穴距20cm，每穴2～3株，亩密度3 000穴，按照夏豆角高产栽培技术管理，一般亩产1 500kg。

## 三、小麦、西瓜、花生、甘蓝（或早熟大白菜）

### （一）种植模式

一般180cm一带，种植6行小麦，1行西瓜，4行花生，2行甘蓝或大白菜（图9－3，表9－3）。

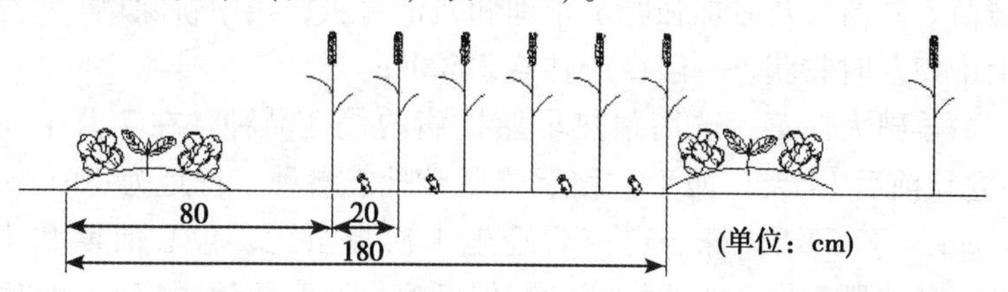


**图9－3　小麦、西瓜、花生、甘蓝（或早熟大白菜）一年四熟种植模式**

**表 9－3　麦、西瓜、花生、甘蓝（或早熟大白菜）一年四熟茬口安排**

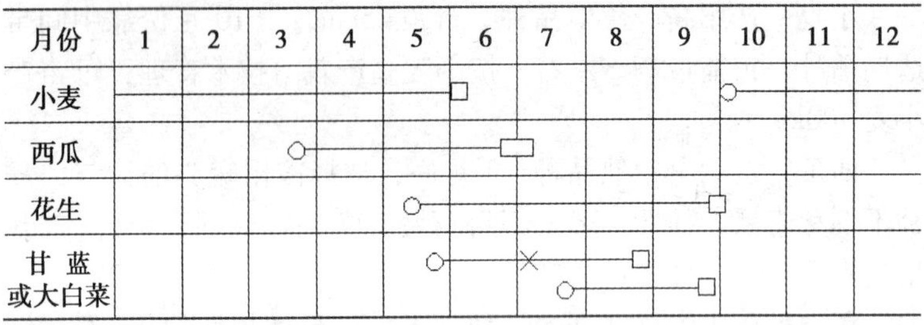

| 月份 | 1 | 2 | 3 | 4 | 5 | 6 | 7 | 8 | 9 | 10 | 11 | 12 |
|---|---|---|---|---|---|---|---|---|---|---|---|---|
| 小麦 | — | — | — | — | — | □ | | | | ○— | — | — |
| 西瓜 | | | ○— | — | — | —□ | □ | | | | | |
| 花生 | | | | | ○— | — | — | — | —□ | | | |
| 甘蓝<br>或大白菜 | | | | | ○ | — | ×<br>○— | —□<br>— | <br>□ | | | |

**（二）主要栽培技术**

小麦：选用高产优质品种，于上年 10 月份适期播种，行距 20cm，播量按常规播量的 2/3，每亩约 6kg。按照小麦高产技术管理，一般亩产小麦 350kg。

西瓜：参照模式“小麦、西瓜、花生、甘蓝”中西瓜栽培。

花生：选用中早熟高产品种，于 5 月下旬套播在小麦行间，穴距 17～18cm，每穴两粒，每亩密度 8 000穴，按照麦套夏花生栽培技术管理，亩产花生 250kg。

甘蓝：选用夏甘蓝品种，5 月下旬在育苗床上育苗。7 月中上旬西瓜拉秧后，施肥整地种植，定植行株距为 33cm × 40cm，每亩 1 850株。定植最好在傍晚或阴天进行，须带土定植，利于缓苗。缓苗后及时加强肥水管理和防治害虫，浅中耕除草，9 月上中旬及时收获，一般亩产甘蓝 2 500kg。

早熟大白菜：选用耐热早熟抗病的优良品种。在 7 月下旬（立秋前后 15 天）西瓜拉秧后施肥整地、播种，行距为 40cm × 40cm，每亩 1 850 株。定植后轻施 1 次提苗肥，包心前期和中期，各追肥 1 次，小水勤浇，一促到底，及时防治虫害，9 月底至 10 月上旬正值蔬菜淡季，根据市场行情收获上市，可亩产大白菜 2 500kg。

# 四、小麦、甜瓜、花生、胡萝卜

## （一）种植模式

一般 180cm 一带，种植 6 行小麦，3 行甜瓜，4 行花生，3 行胡萝卜（图 9－4，表 9－4）。

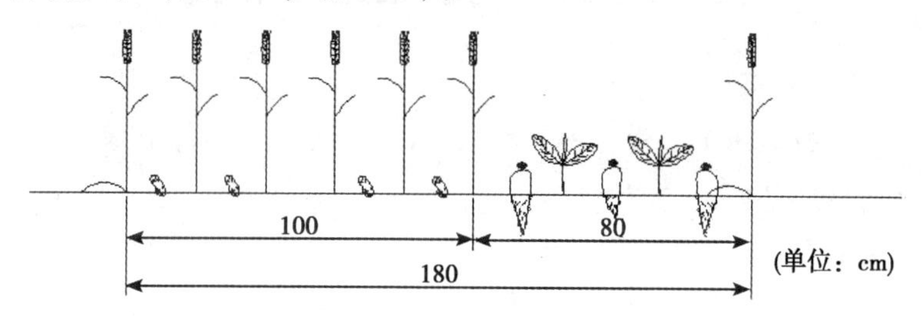


图 9－4　小麦、甜瓜、花生、胡萝卜一年四熟种植模式

表 9－4　小麦、甜瓜、花生、胡萝卜一年四熟茬口安排

| 月份 | 1 | 2 | 3 | 4 | 5 | 6 | 7 | 8 | 9 | 10 | 11 | 12 |
|---|---|---|---|---|---|---|---|---|---|---|---|---|
| 小麦 | —— | —— | —— | —— | —— | □ | | | | ○—— | —— | —— |
| 甜瓜 | | | ○—— | ×—— | —— | —— | □ | | | | | |
| 花生 | | | | | ○—— | —— | —— | —— | □ | | | |
| 胡萝卜 | | | | | | | ○—— | —— | —— | —— | □ | |

## （二）主要栽培技术

小麦：参照模式“小麦、西瓜、花生、甘蓝（或早熟大白菜）”。

甜瓜：选用高产优质品种，3 月上旬阳畦营养钵育苗，4 月下旬在 80cm 空当中定植 2 行，行距 35～40cm，株距 40cm，亩密度 1 800株，按照甜瓜高产栽培技术管理，一般亩产甜瓜 2 500kg。

花生：选用中早熟高产品种。于 5 月下旬在麦垄内套种 4 行，宽行 40cm，窄行 20cm，穴距 20cm，亩种植 7 400穴。每穴两粒，按照夏花生高产栽培技术管理，一般亩产花生 250kg。

胡萝卜：选用高产优质品种，甜瓜收后于 7 月中旬在 80cm 空当中种植 3 行胡萝卜，行距 25cm，株距 17cm，亩密度 6 000 株，按照胡萝卜高产栽培技术管理，一般亩产 2 200kg。

## 五、大蒜、小麦、玉米、花生

### （一）种植模式

一般 120cm 一带，种 3 行大蒜，3 行小麦，2 行玉米，2 行花生（图 9－5，表 9－5）。

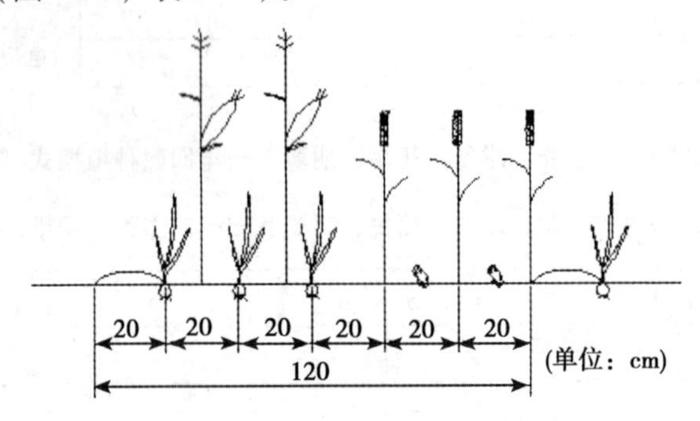


**图 9－5　大蒜、小麦、玉米、花生一年四熟种植模式**

**表 9－5　大蒜、小麦、玉米、花生一年四熟茬口安排**

| 月份 | 1 | 2 | 3 | 4 | 5 | 6 | 7 | 8 | 9 | 10 | 11 | 12 |
|---|---|---|---|---|---|---|---|---|---|---|---|---|
| 大蒜 | — | — | — | — | —□ | | | | ○— | — | — | — |
| 小麦 | — | — | — | — | — | □ | | | | ○— | — | — |
| 玉米 | | | | ○— | — | — | — | — | □ | | | |
| 花生 | | | | | ○— | — | — | — | — | □ | | |

### （二）主要栽培技术

大蒜：早秋作物收获后，于9月中下旬及时施底肥耕地作畦，宽120cm，先播3行大蒜。选用抗寒品种，行距20cm，株距2cm左右，每亩种植80 000株。亩需蒜头30kg左右。年前或早春隔株拔2株出售蒜苗，可亩产蒜苗600kg以上。冬前优质圈肥覆盖越冬，早春及时中耕追肥浇水管理，按大蒜栽培技术管理，6月份可亩产蒜头200kg以上。

小麦：选用高产优质品种，10月份根据品种特性和茬口安排适期播种，一般亩播量5kg，按照小麦高产技术管理，亩产300kg以上。

玉米：选用大穗竖叶型高产品种，在4月下旬于大蒜行间点播，株距28cm，亩密度4 000株，按照玉米高产栽培技术管理，可亩产玉米400kg。

花生：选用中早熟高产品种。于5月下旬小麦行间点播，穴距35cm，亩密度3 000穴。每穴两粒，按照夏花生高产栽培技术管理，可亩产花生100kg。

## 六、小麦、棉花、花生

### （一）种植模式

一般200cm一带，种植5行小麦，2行棉花，2行花生（图9-6，表9-6）

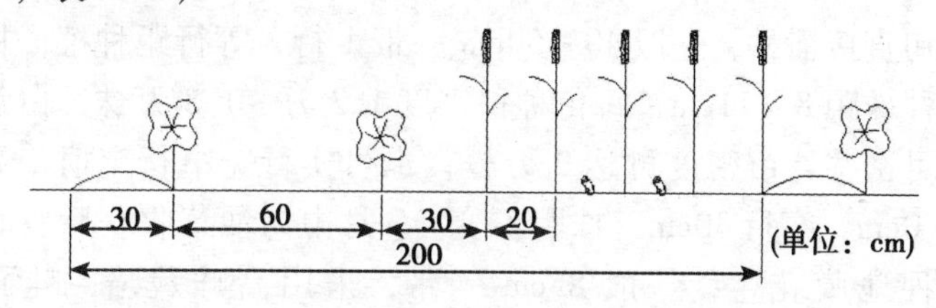


图9-6　小麦、棉花、花生间套种植模式

表9-6　小麦、棉花、花生一年三熟茬口安排

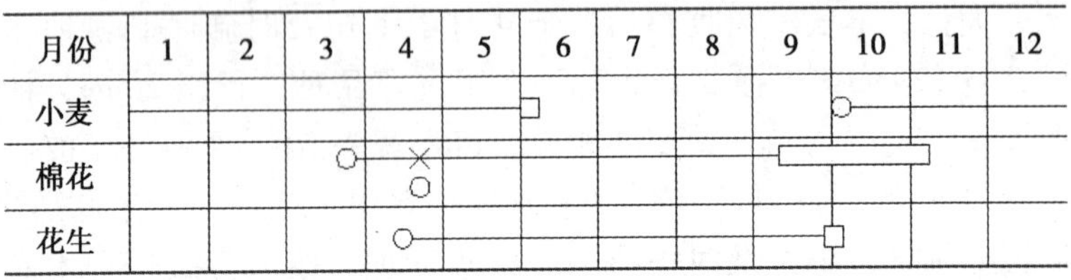

| 月份 | 1 | 2 | 3 | 4 | 5 | 6 | 7 | 8 | 9 | 10 | 11 | 12 |
|---|---|---|---|---|---|---|---|---|---|---|---|---|
| 小麦 | | | | | | | | | | | | |
| 棉花 | | | | | | | | | | | | |
| 花生 | | | | | | | | | | | | |

### （二）主要栽培技术

小麦：选用高产优质品种，10 月份根据品种特性和茬口安排适期播种，一般亩播量 5kg，按照小麦高产技术管理，亩产300kg 以上。

棉花：选用优质高产春棉品种。3 月营养钵育苗，4 月底移栽，或4 月下旬直播（可选用半春性品种）每亩密度 3 000株，按照春棉高产栽培管理，一般亩产皮棉 60kg 以上。

花生：选用中早熟高产品种。于 5 月下旬套播在小麦行间，穴距 17～18cm，每穴两粒，每亩密度 4 400穴。按照麦套夏花生栽培技术管理，亩产花生 150kg。

## 七、油菜－地膜花生、玉米（或芝麻）

### （一）种植模式

此模式需早秋茬，油菜 9 月初育苗，10 月下旬移栽获 9 月中上旬直接播种，一般 40～50cm 一带 1 行，等行距种植，甘蓝型品种株距 8～11cm，每亩种植密度 1.3 万～1.8 万株，白菜型品种可密些，亩密度可达 2 万株；也可实行宽窄行定值，宽行60～70cm，窄行 30cm，株距不变。5 月中旬油菜收获后及时耕地播种地膜花生，一般 85cm 一带，采用高畦栽培，畦面宽55cm，沟宽 30cm，每个畦面上播 2 行花生，小行距 30～35cm，穴距 15～17cm，亩密度 9 000～10 000穴，每穴两粒。花生播种

后每隔 4 个种植带播 1 行玉米，穴距 40cm，亩密度 500 株；或在花生播种后每隔 3 个种植带播种 1 行芝麻，株距 15cm，亩密度 1 700株（图 9－7，表 9－7）。

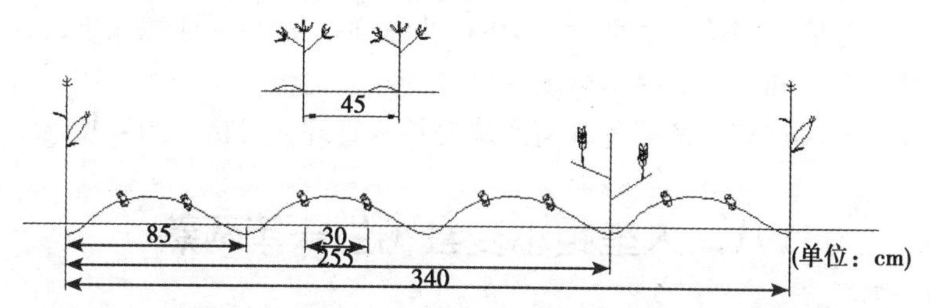


图 9－7　油菜－地膜花生、玉米（或芝麻）一年三熟种植模式

表 9－7　油菜－地膜花生、玉米（或芝麻）一年三熟茬口安排

| 月份 | 1 | 2 | 3 | 4 | 5 | 6 | 7 | 8 | 9 | 10 | 11 | 12 |
|---|---|---|---|---|---|---|---|---|---|---|---|---|
| 油菜 | — | — | — | — | — | □ | | | | ○— | — | — |
| 花生 | | | | | ○— | — | — | — | — | □ | | |
| 玉米（或芝麻） | | | | | ○— | — | — | — | □ | | | |

**（二）主要栽培技术**

油菜：选用双低早熟优良品种。适时播种或育苗移栽，冬前培育壮苗越冬，防止冻害或“糠心”早抽薹，越冬初期培土壅根，早春及早中耕、施肥，加强田间管理，并注意防止蚜虫，花期注意喷施硼肥和其他叶面肥，适时收获，一般亩产 150～200kg。

花生：选用中晚熟、大果高产型优良品种，在油菜收获后，抢时整地播种，采用机械化播种效果更好，集起垄、施肥、播种、喷除草剂、覆膜于一体，既省工省时又能提高播种质量，使苗整齐一致，生育期间注意防旱排涝，适当进行根际追肥和叶面喷肥，中后期注意控制徒长和防治病虫鼠害，按照地膜花生高产栽培技术进行管理，一般亩产 450～500kg。

玉米：选用稀植大穗品种，在花生收获后种植，以个体大穗夺丰收，按照玉米高产栽培技术管理，可亩产玉米 500kg 以上。

芝麻：在花生播种后，沟内足墒播种，播种后注意保墒，并及时定苗和中中耕除草培土，生育期间，适当追肥浇水，按时打顶，及时收获。按照芝麻高产栽培技术管理，可亩产30～40kg。

## 八、大垄距小麦套花生一年两熟

花生是一个生长发育期较长的作物，而夏播花生生长季节较短，生产上尽可能地延长生长季节，能充分利用光热资源，充分利用侧枝结果促使果实饱满，能有效地提高产量。夏花生适时早套播是延长生长季节的有效措施，但一般麦垄套播的时间过早，花生与小麦共生期过长，会与小麦争水争肥，使花生苗期光照不足，前期发育弱，形成老小苗，导致减产，协调好这一矛盾是推广应用早播技术的关键。近几年的生产实践证明，小麦大垄距种植，花生可早套播种，能较好地协调这一矛盾，花生可比一般套种提前 10～20 天播种，在小麦产量稍受影响的情况下，可使花生产量大幅度提高。具体套种方式和栽培技术要点如下。

### （一）套种方式

此种植模式有以下两种：一种是麦播时 2.2m 作畦，每畦 6 行小麦，宽窄行种植，宽幅 50cm，窄幅 20cm，小麦齐穗后即 5 月上旬在宽幅内套种两行花生，畦埂上也播一行花生共七行花生（图 9－8）。另一种是 2m 宽作畦，每畦种 6 行小麦，33cm 等行距种植，5 月上旬在两行小麦中间套一行花生、畦埂上也播一行花生（图 9－9），以上两种方式小麦播量同常规小麦，可增宽播幅，其茬口安排见表 9－8。

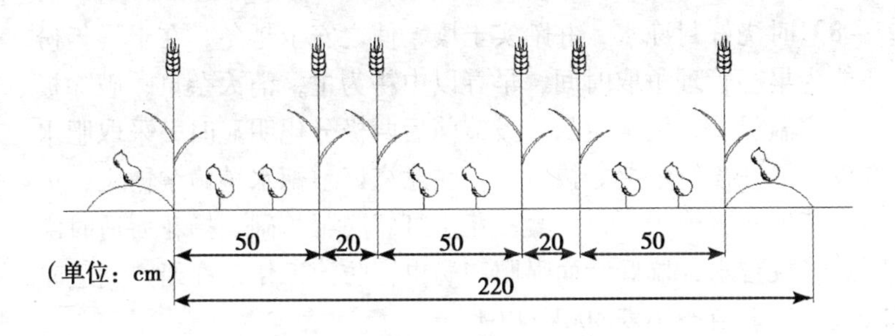


图9－8 小麦花生套作模式（带宽2.2m）

表9－8 小麦套种花生茬口安排

| 月份 | 1 | 2 | 3 | 4 | 5 | 6 | 7 | 8 | 9 | 10 | 11 | 12 |
|---|---|---|---|---|---|---|---|---|---|---|---|---|
| 小麦 | | | | | | | | | | | | |
| 花生 | | | | | | | | | | | | |

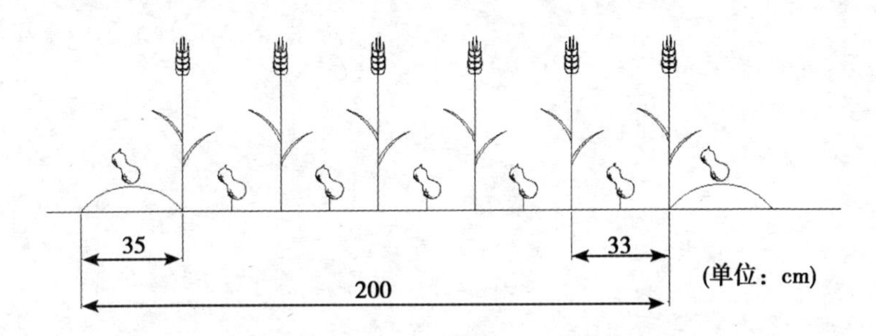


图9－9 小麦花生套作模式（带宽2m）

## （二）主要栽培技术

（1）小麦：选用早中熟高产品种，播前施足底肥，精细整地，足墒下种，一般亩播量5～6kg，封冻前当平均气温下降到

7～8℃时浇好封冻水，并踏实土壤，使之安全越冬，在干旱年份还能为早春管理争取时间，早春以中耕为主，消灭杂草，破除板结，增温保墒，促苗生长。拔节前后两极分化明显时，采取肥水齐攻，浇好拔节水追好拔节肥。注意浇好孕穗水稍施孕穗肥，可结合花生底肥施用，也为套种花生打好底肥基础。扬花后适时浇好灌浆攻粒水，搞好叶面喷肥和病虫害防治工作，在蜡熟期适时收获，一般亩产小麦400kg以上。

（2）花生：选用后发性强的中熟品种，在5月上旬整地播种，按照各品种套播密度要求确定穴距，每穴两粒。参照花生栽培管理技术进行管理，一般亩产350～400kg，高产田块可达400kg以上。

该种植方式较好地缓解了小麦花生共生期间争地、争光、争时的矛盾，有效地延长了花生生长期，可较大幅度地提高花生产量。小麦则能充分利用“边际效应”，提高了小麦同化率，基本上稳定了产量。据调查，花生比一般麦套花生亩增产50kg以上，增产15%～20%，小麦花生综合生产效益显著。

# 第十章　花生良种快速繁育及原种生产技术

## 一、良种快速繁育技术

花生生产用种量大，繁殖系数低，优良品种推广速度比其他作物慢，一个优良品种选育后，往往种子数量少，推广普及速度慢，影响优良品种生产效益的发挥，不能满足当前花生生产对良种的需求。目前，一般大田生产水平为亩产荚果 200 ~ 300kg，但能作种子用的为 160 ~ 250kg，从理论上讲仅可扩种 6 ~ 10 亩，远远不能满足生产发展的需要。为了加速良种普及，充分发挥优良品种的增产作用，就必须采用良种的快速高倍繁殖法，以加速品种更新换代工作。我国科技人员早在 20 世纪 70 年代末就研究试验成功了单粒播种和插枝繁育方法，从而加快了新品种的推广步伐，其栽培要点如下。

### （一）单粒摆播

单粒摆播种植，可充分发挥单株生产能力，是达到高倍繁殖良种的有效途径，应掌握以下几项关键技术。

1. 地块选择

应选择地势平坦，排灌方便，土质肥沃，无病害、不重茬的沙壤土地块。深耕施足底肥，每亩可底施优质有机肥 3 000kg 以上、碳铵 30kg 左右、过磷酸钙 40 ~ 50kg、钾肥 10 ~ 20kg。另外，如有地下害虫可进行土壤处理，一般亩用吡虫啉可湿性粉剂 23g/亩或米乐尔颗粒剂 165g/亩或特丁磷颗粒剂 125g/亩，在耕地时撒施，以防虫害。

2. 起小垄，单粒摆播

根据品种、地力和生产条件确定垄、穴距。一般垄距50cm左右，垄高10cm左右，播前对种子进行粒选，并用微肥拌种或包衣。穴距一般17～19cm，每亩摆种7 000～8 000粒。整好地，保证底墒充足，力争一播全苗。

3. 加强田间管理

重点搞好适时清棵、中耕除草、适时排灌、培土迎针及病虫害防治工作。

4. 收获

收获前在田间严格去杂去劣，剔除病株，适时收获，充分晒干，单独贮藏，严防混杂、霉变。

**（二）插枝繁殖**

花生的主茎和侧枝都可作为扦插材料，只要严格掌握扦插技术，保证质量，成活率可达90%以上，单株可结果10个左右。具体扦插方法是：选择肥力较高，有水利条件的沙壤土地块，施足底肥，于6月下旬至7月下旬剪枝扦插。利用快剪刀，靠近叶枝下部剪枝，长6～10cm，插入土中1/3，每亩可扦插万株左右。扦插后立即遮阴，以防暴晒，并随时浇水，使地面保持湿润。成活后及时追肥浇水，加强田间管理，以促进生长发育，增加产量。

## 二、原种生产技术

花生优良品种在推广普及过程中，由于机械混杂和生物学混杂，常出现植株高矮不齐、荚果大小不等、出仁率下降、抗逆性减弱等退化现象，不同程度地失去了良种的增产作用。生产中应用良种一般比普通种子增产10%以上，是一项不增加投入就能增产的有效措施，在推广普及良种的同时，要及时地做好品种提纯复壮工作，才能使良种长期保持优良种性，延长品种利用年限，充分发挥经济效益。一般提纯复壮生产原种采用3年三圃制改良混合选择法，其程序如下。

**（一）单株选择**

在预先建立好的种子田内，实行单粒播种，收获时选择具有原品种特性的单株，经过选优去劣，分单株保存。选株数量应根据生产单位的种植面积和株行圃的地力而定，一般100亩大田应留取600～800株；播种1.5～2亩，生产原种田应有10亩。

**（二）株行比较圃**

将中选的优良单株按顺序编号，每个单株种1～2行，行距40～50cm，穴距20～23cm，单粒播种，每20行种两行原种作对照，以便对比评选，各生育阶段进行观察比较，按原品种特征、特性详细进行鉴定，做好记录。收获时将符合标准的株行当选，分别称产，分别收藏。

**（三）株系比较圃**

将上年中选的优良株行，编号播种，用原品种作对照，进行产量鉴定。小区面积20～30m$^2$，一般5行区，行长7～10m穴距20～23cm，每穴播种双粒，除生育期间注意观察记载外，收获后对荚果、种仁产量及品质进行鉴定，优于原品种，且性状一致的株系进行行混系留种，供翌年生产原种，特别好的株系可参加品系比较，从中选出新的品种。

**（四）混系繁殖圃**

将上年株系比较的混合系种子种入原种圃，采用单粒繁殖，提高繁殖倍数。收获时去杂去劣，优者混收，即为原种，供大田使用。

# 三、花生高产潜力和高产性状

## （一）花生高产潜力的估算

（1）根据光合效能估算高产潜力：花生的光合潜能很高，其光饱和点为11 万 lx 以上；光补偿点为800lx。距专家估算，南方珍珠豆形最高荚果产量为 790kg/亩；北方大花生最高荚果产量为 1 140kg/亩。

（2）根据产量构成因素估算高产潜力：花生单位面积产量 = 单位面积株数 × 单株果数 ÷ 公斤果数。目前，不少高产田亩总果数≥33 万个；千克果数≤430 个。若按现有高产田出现的亩总果数最大值 38 万个、千克果数最小值 410 个来推算，花生亩荚果产量可达 921kg。

## （二）花生的高产株型性状

### 1. 叶色深、叶型侧立

花生叶色深绿，光合性能高；叶型侧立，受光就好，能提高光合作用效率。据测定，生育中期群体净光合生产率：海花 1 号和花 37 比白沙 1016 提高 44.6% ~45.9%。

### 2. 疏枝型

一般疏枝型花生有效茎枝数在 90% 以上，通风透光；密枝型—有效茎枝数 40% 左右，群体通风透光不良。据测定，疏枝型徐州 68-4 的群体叶片辐射光透射率比密枝型鲁花 4 号高 15 个百分点。

### 3. 连续开花习性

一般连续开花的品种结实指数、饱果指数高。双仁果指数和饱满果指数也高。据调查，海花 1 号分别比花 17 高 10 个和 20 个百分点。

4. 短果柄、大果型

果柄短的品种果针入土浅、坐果早、结果整齐。大果型品种每千克果数少于中果型，但单株生产力高于中果型。

5. 矮棵耐肥抗逆。

# 第十一章　花生病虫草鼠害防治技术

## 一、花生病害

花生侵染性病害国内报道约有20余种，发生较普遍的有根结线虫病、茎腐病、青枯病、白绢病、冠腐病、根腐病、菌核病、黑斑病、褐斑病、锈病、病毒病（丛枝、花叶、矮化病毒病）等，其中，黑斑病、褐斑病、网斑病作为叶部病害发生普遍且严重；茎腐、根腐、病毒病也日趋严重。随着土地利用率和花生产量的提高，一些花生生理性病害也日趋严重，如花生烂种、烂果、花生缺铁症、缺钙症、黄化症、缺锰、缩果等症状时常发生，对产量均造成了不同程度的影响。另外，花生黄曲霉污染也在不断加重，对质量也造成了很大程度的影响。

### （一）花生根结线虫病

花生根结线虫病又名花生线虫病。发病历史较久，是国内植物检疫对象。此病传播蔓延很快，且为害很大，一般病田减产20%～30%，重者减产70%～80%，甚至绝收。

1. 症状

花生的地下部（根及荚）均能被侵害。根系开始生长，幼虫即从根端部侵入，逐渐形成纺锤形或不规则的虫瘿，在虫瘿上生长出许多不定根。幼虫重复侵入根端，整个根系形成乱发状的“根须团”。它与固氮根瘤菌有明显区别：线虫根结一般发生在根端，整个根端膨大成纺锤形或不规则形，表面粗糙，其上生长出许多不定根，剖视可见乳白色砂粒状雌虫。固氮根瘤着生于主根和侧根的旁边，圆形或椭圆形，表面光滑，不生须根，剖视见粉红色、黑色或绿色菌液。另外，在根茎、果柄及果壳上也可形成虫瘿，果壳上虫瘿为褐色瘤状突起可挑出乳白色雌虫；根茎和果柄上也可形成葡萄穗状的虫瘿。

由于根系受害，地上部分表现植株矮小，茎叶黄花，叶片小，底叶叶缘焦灼，开花延迟，结荚小而少，且瘪果增多。

2. 病原

花生根结线虫病原是线形动物门垫刃目，根结线虫属的北方根结线虫和花生根结线虫。两种线虫形态相似。卵两端宽而圆，一侧微凹似肾形，包于棕色卵囊内；侵染期幼虫，体线状，无色透明，头钝，尾稍尖，体长 28 ~ 530μm；成虫雌雄异形，雌虫乳虫状，灰白色，前端略尖，后部钝圆，体长 1 060 ~ 1 550μm；雄成虫洋梨形或桃形，乳白色，前端尖细，后端椭圆形、球形或圆形。

3. 发生特点

病原线虫主要以卵和幼虫在土壤有机肥中越冬，也可在带虫荚果中越冬。当平均地温 11. 3℃以上时，在卵内发育成一龄幼虫，一龄幼虫蜕皮咬破卵壳而出，成为二龄侵染期幼虫侵入寄主，幼虫在根结内发育，脱皮 3 次成为成虫，发育成熟交尾产卵，卵集中在雌虫阴门处的囊内，卵囊端常外露于根结之外，随线根遗落在土中，继续孵化侵染。一般在华北中南部一年可完成 3 个世代。

根结线虫有耐淹性，把虫瘿（根结）放在水内淹浸 135 天仍有侵染力。不耐干燥，将根结病根或荚果干燥到含水量 8% ~ 10% 时，其内线虫全部死亡。耐低温能力较强，把根结内线虫放在 -10℃冰箱内 26 小时仍有侵染力。

线虫在田间传播途径主要是农事活动、土壤及遗留田间的病根残体随人、畜、农具的携带传播，也可通过流水将土壤中的线虫和病残体传播，施用带虫的土杂肥以及感病的野生寄主植物残体也都能传病。再调运荚果时如果其中混有病根、病果等，往往引起此病的远距离传播。

连作花生地发生重，多年轮作或水旱轮作地发生轻；沙性大，保水保肥力弱，通气良好的沙壤土地发病重；干旱年份重于多雨年份，春播花生比麦茬花生重，早播重于晚播。

4. *防治方法*

（1）严格实行检疫：不从病区调种，保护无病区并注意其他带虫作物检疫。

（2）加强农业防治：深翻改土，增施有机肥料，早施磷钾肥，增强花生抗病力。发病重地块应进行轮作换茬，可与小麦、玉米、谷子、甘薯等禾本科作物实行 2 ~ 3 年轮作，时间越长效果越好。在花生收获时，深挖细收，不使病根病果遗留土中，同时，应将杂草寄主连根挖除烧掉，减少土壤中线虫数量。不用病土病株积肥，减少传播。

（3）化学防治：不同发病程度的地块，应采用不同药剂和剂量以保证效果。对花生根部病情指数 20% ~ 25% 轻病地块，选用根结线虫二合一，该药品采用杀根结线虫原粉和阿维菌素及特殊高渗剂精制而成，杀根结线虫有特效。该药品可防治多种作物根结线虫，使用方法是备水 80 ~ 100kg，先加杀线虫剂 300ml，充分搅匀再加 350ml 线虫毒瘤结剂，充分搅匀后冲施或灌根。根部病情指数 50% ~ 60% 中等，发病地块和 70% ~ 80% 偏重发生地块，可交替施用 20% 益收宝每亩 2kg 或 10% 克线磷每亩 2kg 或 3% 米乐尔每亩 8kg，以上均为颗粒剂，将药剂均匀撒播于播种沟内，播种覆土。干旱年份，应开沟浇水，然后撒药播种。对重病地块，可选用 80% 二溴氯丙烷每亩用药 4kg 对水 30 ~ 80kg，结合春耕、秋耕或在播种前半月施入，并及时覆土。施药一次，药效可维持 2 年。

### (二) 花生茎腐病

花生茎腐病俗称"倒秧病"、"卡脖病"、"烂秧病"、"死秧"等，是一种暴发性病害。常引起花生整株或侧枝死亡，造成严重减产。在发病较重的年份、地块，病株率轻的减产10% ~ 20%，严重的可达60%以上，甚至成片死亡，颗粒无收。

1. 症状

多在主茎第一对侧枝分枝处或根茎的中上部发生。幼苗期病菌首先侵染子叶，使两片子叶发生黑褐色腐烂，然后侵染接近地面茎基部或地下的根茎部，产生黄褐色水渍状病斑逐渐扩大呈大型斑块，呈黑褐色，并可围绕茎四周扩展形成环形病斑，使维管束腐烂截断水分、养分运输。花生感病初期；地上部分叶色变淡，午间叶柄下垂，复叶闭合，早间尚可复原，随着病情发展，叶柄全部下塌，整株萎蔫。成株期初在基部第一对侧枝上下，产生不规则状的褐色斑块，后变黑褐色，并纵向横向扩展形成环形斑。维管束变黑，输导组织破坏，地上部失水萎蔫。在干旱条件下呈黄色枯死，病部表皮呈琥珀色透明状，紧贴茎上，内部组织变褐干腐，茎部髓干缩。在阴雨天，土壤潮湿，病株腐烂变黑，表皮呈黑色软腐，后期病斑上着生小黑粒点，是病菌分生孢子器。苗期病株自症状出现到死亡约3 ~ 4 天，其他时期从症状出现到死亡约10 ~ 40 天，病株荚果腐烂，种仁不实。

2. 病原

花生茎腐病原是半知菌亚门球壳孢目色二孢属真菌。分生孢子器着生于茎秆病斑上，突出于寄主体外，黑色，有乳头状突起的孔口。分生孢子更短条状不分枝，无色。分生孢子无色透明，初无分隔，成熟后有一横隔，成为暗褐色双细胞。

3. 发生特点

该病在土壤中的病残株以及秸秆及有机肥和种子上越冬，是来年的主侵染源。花生种子霉捂导致种子带菌率明显增加，是该病发生的主要原因。由于该病病原寄主范围广，腐生能力强，耐干燥，耐水浸，虽其耐高温能力稍弱，但耐低温能力较强，因此，以病株作饲料的牲畜粪便，混有病株的土杂肥，以及病区的土壤均是感染、传播、蔓延的重要条件。田间传染主要靠雨水径流、大风、农事操作等。病菌侵染最有利时期为苗期，其次为结果期，整个花期不利侵染。其发病高峰期为6月中下旬与8月上旬至9月上旬。发病的轻重与种子的质量、栽培条件、气候条件有密切关系。使用霉捂种子，花生地连作，使用带病菌肥，播种过早发病都重。品种间抗性有差异，一般直立型品种易感病，龙生型、蔓生型品种发病较轻。

4. 防治方法

首先保证种子质量，采用必要的耕作措施，加强农业防治，结合药剂防治，可有效地控制该病发生。

（1）防止种子霉捂，保证种子质量：做种用的花生做到适时收获，及时翻晒，安全贮藏，谨防霉捂。播种前进行晒种和选种，剔除变质、霉捂种子，确保种子质量，减少病害的初次侵染。

（2）合理轮作：土壤带菌是病害发生的重要菌源，因此合理轮作是防治该病的基本措施。发病较轻地块隔年轮作即有较好防效，重病区必须进行3年以上的轮作，才能显著减轻病害，轮作作物以小麦、玉米、甘薯为宜。

（3）农业防治：深翻改土，消灭部分越冬菌源，增施有机腐熟肥料，前期追施磷肥，增强花生抗病能力，不施混有病残体的有机肥。及时防治地下害虫，加强田间管理，适时清棵蹲苗，锄地时避免出现植株伤口，生育期施入草木灰，及时排涝均能减轻此病发生。

（4）化学防治：目前，最有效的方法是用多菌灵拌种、浸种或喷雾。拌种：用25%或50%多菌灵可湿性粉剂分别按种子量的0.5%或0.3%拌种。先将种子用清水湿润后再与药粉拌和，使药粉均匀附在种子表面，即可播种。浸种用25%或50%多菌灵可湿性粉剂，分别用种子量的1%或0.5%浸种，用水25~30kg，将药粉在水中混合均匀，在加入50kg种子，浸种24小时，并翻动几次，使种子将药水完全吸干即可播种。喷雾只作为预防花生苗期发病的一项补救措施。用25%或50%的多菌灵可湿性粉剂，分别配成400倍或800倍液或用70%甲基托布津可湿性粉剂800~1 000倍液，在花生全苗后进行喷雾，以后在开花前再喷一次可基本抑制该病的扩展蔓延。

**（三）花生青枯病**

花生青枯病分布极为广泛，而且随着耕作制度的改革，复种指数的增加和轮作年限的缩短，有日趋严重之势，整个生育期均可发生，一般多在开花前后始病，盛花期荚期发病最盛，一般盛花期在6月下旬至7月上旬，其损失因发病期不同而异；植株结荚前发病损失100%，结荚后发病损失达60%~70%，收获前半个月发病损失也可达20%~30%。

1. 症状

病株地上部初表现为失水状，通常是主茎顶梢第二片叶首先萎蔫或侧枝顶叶暗淡下垂，1~2天后，全株叶片自上而下急剧凋萎，叶色变淡。但仍保持绿色，故名“青枯病”。植株地下部主根尖端变色软腐，纵切根茎部，初期维管束变浅褐色，后变黑褐色，根瘤呈墨绿色，横切茎部，则见环状维管束变为浅褐色至黑褐色的小点。在潮湿条件下，剖视茎部，常见有混浊的乳白色细菌液，用手挤压，可流出菌浓，病株上的果柄、果荚呈黑褐色湿腐状。自发病至枯死一般7~15天，严重时2~3天可全株枯死。

2. 病原

青枯病病原是假单孢杆菌属细菌茄青枯病菌。菌体短杆状，两端钝圆，具1～3根极生鞭毛，无芽孢和荚膜。革兰氏染色反应阴性，好气，喜高温。该菌寄主范围很广，包括茄科、蝶形花科、旋花科、菊科、苋科、锦葵科、唇形科、蓼科等35科200多种植物。可为害花生、烟草、番茄、茄子、辣椒、马铃薯、菜豆、萝卜等农作物和野苋菜、鬼针草、灯笼果、龙葵等杂草，据试验，禾本科植物和黄豆、绿豆、红豆、眉豆、豇豆、甘薯、西瓜等作物不受青枯菌侵染。

3. 发病特点

该病的初侵染源主要是带菌土壤、病残株和带病杂草以病株作饲料的牲畜粪便和带有病土残体的土杂肥等。田间流水也是传病的主要途径，其次是人畜、农具及昆虫。病菌由植株伤口或自然孔口浸入，通过皮层组织侵入维管束，病菌迅速繁殖后堵塞导管，并分泌毒素，使病株丧失吸水能力而凋萎。重病株组织崩解腐烂，病菌从腐烂的寄主组织里散布到土中，借流水等媒介传播到附近植株根部，进行再侵染。在适宜的条件下，初次侵染和再次侵染持续发生，病害迅速蔓延。

病菌多在花生的花期侵入，以开花至初荚期发病最重，结荚后期发病很少。连作地病原积累多，连作时间越长发病越重。轮作田特别是水旱轮作发病轻。凡保水、保肥力差，有机质含量低的瘠薄土壤，或易板结的黏土、砂砾土地发病重。苗前期过量追氮、浇水过勤过多发病重；虫害严重、机械伤口过多则利于病重发生。高温多雨，时晴时阴，有利于病害发生。当旬平均气温达20℃以上，只要土壤湿润就具备发病环境条件，25℃以上病害就可能盛发，土壤温度、湿度变化剧烈，根部受伤或腐烂，有利于病菌侵入。

4. 防治方法

（1）选用抗病耐病品种：重病区选用鲁抗1号、鲁花3号等。

（2）实行轮作：发病率50%以上时，应实行5～6年轮作；发病率10%～20%的地块，实行2～3年轮作。可与非寄主作物小麦、玉米、甘薯、大豆、绿豆轮作。

（3）搞好田间管理：增施无病腐熟有机肥料，通过深耕、深翻、平整土地等改良旱坡地等措施，提高土壤保水保肥能力，并改善灌溉条件，及时开沟排水，高畦栽培避免雨后积水。加强苗前期管理，增施磷钾肥，及时防治花生地上地下害虫，提高花生植株抗逆能力。发病时，及时拔除病株，集中处理。

（4）化学防治：及时拔除病株，用1∶100的生石灰或1∶200的40%甲醛液体灌窝。选用DT400倍液灌根，或铜铵液（硫酸铜∶消石灰∶硫酸铵为1∶2∶7配成），与发病初期，淋洒病株或附近健株。淋洒1∶1 200～1∶1 500倍液，每株施250g，能取得一定防效。

**（四）花生根腐病**

花生根腐病是近年来花生死穴的又一病害，也逐渐成为花生的主要病害，花生在幼苗期和成株期可受害，有苗期和始花期两个发病高峰。

1. 症状

幼苗出土后即可发病。先在茎基部近土面处出现湿润状黄褐斑，后变黑褐色，地上部失水萎蔫，逐步枯死。地下部根皮变褐色，与髓部分离，主根粗短和细长，侧根很少，形似鼠尾状，近地面主茎上，常生出大量须根。严重时从表现症状至枯死仅需3天。始花期受害，植株矮小，黄花，叶片由下而上逐渐变黄干枯，易脱落。根茎表面皱折，由黄变褐，髓部呈淡褐色渍状，后枯萎死亡。条件适宜时茎及分枝自叶腋内可受侵染，初为水浸状黄褐色后变黑褐色椭圆形病斑，病部表面生黑色粒点，即病菌的分生孢子座及分生孢子。

2. 病原

花生根腐病病菌是半知菌亚门丛梗孢目链孢霉属真菌。病部的黑褐色粒点即为病菌的分生孢子座，分生孢子梗无色。大型分生孢子为新月形，具有3~5个隔膜，小型分生孢子椭圆形，均无色。

3. 发生特点

花生根腐病病菌主要残留在土壤中的残体上越冬，为来年的主要初侵染源 ，其次，种仁、荚果和带病残体的土杂肥也可传播。田间依靠雨水径流、大风、农事操作工具携带病菌传播，整个生长期均可受害，以苗期最重。

一般沙土地发病轻，黄黏土地发病重；土层深厚、透水性好的地块发病轻。大雨骤晴、降雨过多或降雨过少发病也重。花生连作发病重。种子霉捂、质量差发病重。

4. 防治方法

（1）农业防治：深翻平整土地，增加活土层，提高土壤排水与蓄水能力；开沟排水，防止积水严格选种，剔除变色、霉捂种子。轻病区实行两年轮作，重病施行3~5年轮作，增施无病有机肥和磷钾肥，中耕培土，增强植株抗病力。

（2）化学防治：施行药剂拌种，在精选种子后，进行晒种，并用种子量0.5%多菌灵可湿性粉剂拌种。叶面喷雾防止，在发病初期，及时选用50%多菌灵可湿性粉剂800倍或70%甲基托布津可湿性粉剂1 000倍喷洒。可得到较好效果，也可用上述药剂于齐苗后和开花前期各喷一次预防。

### （五）花生菌核病

1. 症状

花生菌核病主要有两种，即小菌核病和菌核病。小菌核病主要侵染根部及根茎部，也能为害茎、叶及果实。茎上病斑红褐色，扩大后变不规则形，严重时茎蔓软化或干腐病部以上的茎叶随之凋萎死亡。叶片病斑近圆形、褐色。微具轮纹，天气潮湿时扩大为不规则形，呈水浸状。病斑表面初期密生乱毛状褐色霉层，并产生暗灰褐色至灰白色粉状物（病菌分生孢子梗及分生孢子），至临近收获期时，常在根茎的皮层及木质部之间产生黑色菌核，有时菌核能突破表皮外露。荚果被害后变褐色，在表面或荚果里生白色菌丝体及黑色菌核，引起子粒腐败或干缩。菌核病一般在茎蔓上发生，很少在叶片和荚果上出现。病斑形状不规则，初呈红褐色，后褪为灰白色，扩大后绕及茎周，引起茎蔓表皮腐烂剥落。露出白色木质部，病部以上茎叶陆续凋萎死亡，最后在茎的表面及髓中产生大小不等的豆瓣状或鼠粪状黑菌核。

2. 病原

两种菌原均为真菌。小菌核病是子囊菌亚门，柔膜菌目核盘菌属真菌花生小菌核病菌。分生孢子梗褐色，细小有分格，上部对生分生孢子枝，枝顶着生分生孢子。分生孢子无色、单胞、卵圆形。菌核黑色，长2.5mm，宽0.5mm，最初生分生孢子，其后形成子囊盘。子囊棍棒形子囊孢子椭圆形，无色单胞。菌丝无色，具隔。菌核病菌则是子囊菌亚门，柔膜菌目核盘菌属真菌核盘菌。目前，还没发现无性世代，菌核黑色，鼠粪状，大小（1～26）mm×（1～14）mm，子囊无色棍棒形，无色单胞。菌丝白色丝状有分枝和隔膜。

3. 发生特点

病菌以菌核附于植株，在荚壳上或直接在土壤中越冬，翌年分生孢子、子囊孢子作为初侵染源，有时菌丝也可直接侵染。病菌通过伤口或直接侵入寄主，衰老的叶片、凋萎的花及纤弱的茎最易被侵染。

旱地菌核存活量大，施用未腐熟的带菌有机肥，播种带菌种子，连年重茬种植，均可增加田间菌核数量，密度过大，田间郁蔽，氮肥施用量过大，田间小气候湿度大，有利于病菌侵染蔓延，高温高湿条件能加速病害扩展。初花期多雨有利于子囊盘形成，子囊孢子侵染和菌丝再侵染，发病较重。

4. 防治方法

（1）实行轮作：重病田应与小麦、谷子、玉米、甘薯等作物轮作。

（2）减少田间病原：轻病地块要在菌核未成熟前，及时拔除病株。收获后注意清除病残体集中处理。精选种子，清除菌核和霉捂种子。

（3）加强田间管理，合理施用氮肥，防止苗前期徒长和脱肥早衰，适当早施磷钾肥和硼、锰等微肥。花生生长期进行深中耕，将菌核埋入土中，防止产生子囊盘，减少传病机会。

（4）化学防治：发病初期选用40%菌核净可湿性粉剂1 000倍，50%多菌灵可湿性粉剂400倍或50%腐霉利（速克灵）可湿性粉剂1 000倍，根据病情防治1～3次。

**（六）花生白绢病**

白绢病多发生于花生生长后期，发病严重时植株成片枯萎，损失较大。该病病菌寄生范围广，为害面大，可侵染烟草、番茄、茄子、甘薯、大豆、西瓜、向日葵、芝麻等作物。

1. 症状

病菌主要侵染植株接近地面的茎基部，其次为果柄及荚果。受害初期，茎组织软腐，表皮脱落，叶片枯黄，在阳光下叶片闭合，在阴天还可以张开。随病情发展致使整株枯萎而死。果柄及果实受害，脱皮软腐，长出白色菌丝。土壤潮湿时，病部生出白色菌丝，呈绢状覆盖病部，有时覆盖地面并点状生成油菜子状菌核，初为白色，后呈黄土色，最后呈茶褐色。植株根茎部组织呈纤维状。

2. 病原

病原菌是半知菌无孢目小菌核属真菌白绢病菌。其有性阶段为担子菌亚门、伞菌目伏革菌属真菌白绢病菌。菌丝白色，很多菌丝交织形成紧密的菌核，直径 1～2mm，较坚硬，油菜子状。有时可产生有性阶段，担子倒卵圆形或棍棒形、无色，上有 4 个胆子小梗，呈牛角状，每梗生一担孢子。担孢子倒卵形至长球形，无色，易脱落。

3. 发病特点

该病菌主要以菌核和菌丝体在土中或病残体上越冬。种子及种皮均可带菌传染。来年菌核或菌丝萌发，从植株的根茎基部的表皮或伤口侵入，使病组织腐烂，造成烂死。病菌主要靠流水、昆虫、带菌种子扩大传播。

高温高湿，土壤黏重，排水不良，多雨年份发病重。特别是雨后立即转晴，病株可很快枯萎死亡。植株生长茂盛，田间郁蔽，虫害严重等情况下发病重。花生连作地发病重，轮作地发病轻。春花生晚播和夏花生发病轻。大果类型发病轻，珍珠豆型小果花生发病重。

4. 防治方法

（1）种子处理：选用无霉变种子作种。汰除菌核病粒。用种子量 0.5% 的 50% 多菌灵可湿性粉剂拌种。

（2）合理轮作：旱地施行 3 年以上的轮作，不与寄主作物轮作。

（3）加强栽培防病：花生收获后，对土壤施行深耕深翻，把病菌菌核深埋土中，减少来年侵染菌源。苗期清棵蹲苗，增施灭菌有机肥和磷钾肥，提高抗病力。

（4）化学防治：50% 井冈霉素 600 倍、抗枯灵 600 倍、70% 甲基托布津 700 倍、50% 速克灵 800 倍液进行喷雾或灌根防治。

**（七）花生黑霉病**

花生黑霉病又称冠腐病、黑腐病等，主要为害根茎部，对产量有较大影响。能为害大葱、花生、棉花、桃、苹果等。

1. 症状

花生从子叶出土到结荚间都有症状表现。发病部位主要在接近地面处的茎基部。苗期首先在子叶上发病，使子叶未出土前变黑霉烂，再次侵染幼苗根茎部，受害后先出现稍凹陷的黄褐色病斑，边缘暗褐色；逐渐扩大，表皮纵裂，呈干腐状，最后仅剩下破碎的纤维，维管束变紫褐色，并具有黑褐色霉。地上部茎叶成失水状，叶片对合，失去光泽，随后叶片微卷，整株枯死。地上部发病，先于叶缘内失水使叶片内卷变枯黄，并向内部扩展，整株逐渐枯萎死亡。在潮湿的情况下，病部丛生黑色霉状物，及病原菌的分生孢子梗及分生孢子。

2. 病原

病原是半知菌亚门丛梗孢目曲霉属真菌黑曲霉菌。分生孢子梗无色，顶端膨大呈头状，灰褐色至黑色，上有黑褐色放射状小梗。其上串生圆形分生孢子。分生孢子单胞，褐色或灰褐色，直径2.5～5μm。

3. 发生特点

病菌以菌丝或分生孢子附于病残体与种子上和土壤中越冬，是来年的主要初侵染源。带菌种子播种后分生孢子萌发成菌丝，从受伤的种子脐部或子叶间隙侵入，也可从种皮侵入，随花生的生长，病菌侵入茎基部或根茎部。病部产生大量分生孢子，随风、雨、气流在田间扩大在侵染。

该病通常在苗期至团棵期发生，团棵期为发病高峰，花期后发病较少。凡排水不良，田间湿度大，耕作粗放，常年连作花生地发病重，使用霉捂的种子能加重发病。高温、高湿或间歇干旱或多雨有利病害的发生。

4. 防治方法

（1）选用无病种子：在无病田中选留种子，适时收获，及时晾晒防止霉捂。播种前将荚果在烈日下连续暴晒2～3天。然后去壳精选无破伤、无霉捂的种仁作种。

（2）栽培防病：重病地要与禾本科作物及甘薯实行2～3年轮作。花生收获后清除病株残体；播种不宜过深，不用未腐熟的肥料，发病初期及时壅土，田间管理要注意减少伤苗，及时排除田间积水。

（3）药剂防治：用50%多菌灵可湿性粉剂按种子量的0.5%拌种或用上述药量加水浸种，也可用70%甲基托布津可湿性粉剂0.2%拌种。发病初期可用70%甲基托布津可湿性粉剂800倍液喷施，可取得一定防效。

**（八）花生纹枯病**

花生纹枯病是近些年来发生的新病害。

1. 症状

纹枯病一般在花生封垄后发生，以后病害逐渐加重，主要危害花生的上部。花生植株下部叶片先发病，而后向上部叶片蔓延。病害多从叶尖或叶缘开始发生灰绿色或暗绿色湿润状病斑，病斑逐渐向内扩展，形成“V”字形成不规则形的云纹状大病斑，病健交界具明显黄色晕圈。最终导致叶片的大部或全部像开水烫伤一样失绿枯死。田间湿度大时，下部叶腐烂脱落，病害向中上部叶片蔓延。在腐烂病叶上产生白色的菌丝和菌核，以后菌核变成暗绿色，茎枝被害后形成云纹状大病斑，严重时造成茎枝腐烂而死，甚至果柄和荚果也能受害，后期病部产生暗褐色的小菌核。

2. 病原

花生纹枯病病原是半知菌亚门无孢目丝核菌属真菌。菌丝无色，分枝呈直角或近直角；分枝处缢缩。菌丝进一步发育逐渐变粗短，达一定程度后纠结成菌核。初为白色后变褐色，高湿条件下，发病部可以成点片粉状籽实层，为病原菌的担孢子。

3. 发病特点

以菌核及担孢子在病残体及土壤中越冬，成为次年初侵染源。首先菌核形成菌丝侵染中下部叶片，形成病斑后，产生的担孢子进行再次侵染。

花生连茬种植，土壤菌源积累量大，发病重；土壤条件差，种植密度过大。通风不良，田间湿度过大，或天旱无雨均能诱发此病。

4. 防治方法

（1）合理轮作：进行2~3年轮作，降低土壤带菌量。

（2）加强栽培管理：合理施肥，增施有机肥，补施磷钾肥，避免偏施氮肥，种植密度要适当，低洼地注意排水，降低适度，提高花生抗逆性。减轻发病。

（3）化学防治：发病初期亩用5%井冈霉素100~150ml，或农抗120 150~200ml，加水60kg喷雾。也可选用50%甲基托布津可湿性粉剂或50%多菌灵可湿性粉剂加水500~800倍喷雾。也可选用15%粉锈宁可湿性粉剂1 000倍喷雾。

**（九）花生紫纹羽病**

紫纹羽病在国内分布较广，病原寄主广泛，可为害甘薯、甜菜、花生、大豆、棉花、马铃薯、梨、苹果、桃、葡萄等50多种作物及果树，近年为害花生日趋严重。

1. 症状

发病自根部细根开始，逐渐延至主根、茎基部花生果及果柄。起初，根及果表面缠绕白色根状菌索，菌索渐转粉红色，密结于根、茎基及果、果柄表面，最后形成紫红色的绒状子实层，容易剥落，病株容易拔起。病株地上部叶片自茎基渐次向上发黄枯落，发病早的重病株，根腐枯死，不能结果，发病晚且重的病株，病果晒干后壳槽轻捏即裂，病仁小而皱。大雨过后或浇水过后1~2天有急性萎蔫枯死的现象。

2. 病原

病原是担子菌亚门木耳目卷担菌属真菌紫纹羽病菌。病菌菌丝在病根腐果外纠结成菌丝膜及根状菌索，紫红色。菌丝膜外层着生担子和担孢子。担子无色，圆筒形，担孢子无色、单孢、卵圆形。条件适宜时，在茎基部土表附近产生半球状紫红色菌核。

3. 发生特点

病菌以菌丝体、根状菌索或菌核在土壤中越冬，或在病株残余组织上越冬，是来年主侵染源。条件适宜时，由菌核或菌索长出菌丝，浸入寄主根为害，然后通过病健根触传病，向四周植株扩展，担孢子寿命短，不起传病作用。雨水及灌溉水能传播该病，遗落田间病株残体及施用未腐熟有机肥均能传播病害。

病区连作时间越长，病害越重，该病寄主植物广泛，与其他寄主植物间混作或邻作发病重；多雨年份，土壤湿度大，高温高湿条件下易发病。沙质土，土层浅或排水通气好的花生田，土壤酸性，缺肥植株，生长不良发病重。一般豫北地区 7 月下旬至 8 月下旬为发病盛期。

4. 防治方法

（1）增施磷钾肥，多施有机肥，促进根系发育，增强植株抗病能力。

（2）清除田间病残体，不施未腐熟有机肥，不与甘薯等其他寄主作物间作、邻作、混作和连作，重病区与禾本科作物实行 4 年以上轮作。

（3）发病初期喷 70% 甲基托布津可湿性粉剂 800 倍液或 40% 无氯硝基苯可湿性粉剂 1 000倍液或 15% 三唑酮可湿性粉剂 100 倍液，5 ~7 天 1 次，连续 3 次。

**（十）花生干腐病**

花生干腐病又叫花生炭腐病。其寄主范围很广，自然条件下可为害 120 多种植物，如芝麻、花生、大豆、豇豆、豌豆、菜豆、高粱、玉米、甘薯、烟草、棉花等作物。

1. 症状

自花生幼苗至成株期均可发生。病菌主要侵染茎基部，也可感染下部叶片。茎基部首先形成黄褐色或褐色的菱形或椭圆形病斑，后期病斑向上向下扩展绕茎一周，皮层变褐腐烂，引起地上部凋萎枯死。后期病部表面产生致密的小黑点，即病菌的分生孢子器，揭开病部皮层可见棕黑色小粒点状菌核。

2. 病原

病原是半知菌亚门球壳孢目壳球孢属真菌，菜豆壳球孢菌。在病组织上产生分生孢子器和菌核。分生孢子器生育表皮下，逐渐以孔口突破表皮而外露。分生孢子器黑色，球形或扁球形；分生孢子无色单胞，长卵形或长椭圆形。菌核大都在皮层下，棕褐色，小于分生孢子器。

3. 发生特点

病菌的腐生能力很强，可以在土壤中长期存活和繁殖，是土壤中习居菌。土壤和土壤病株残体组织内的菌核和菌丝体是下年的主要初侵染源。侵染后，在环境条件适宜的情况下，形成分生孢子器，产生大量分生孢子进行再次侵染。

地势地凹、高温，特别是大雨过后，又遇高温，发病往往严重。但长期土壤干旱缺水，也易诱发此病。偏施或过量施用氮肥，有促进发病作用，轮作发病轻，连作发病重，黏质土壤发病重于沙质土壤。

4. 防治方法

（1）合理轮作：重病地可与绿豆轮作两年以上。

（2）合理施肥：多施有机基肥，控施氮素化肥，增施磷钾肥及钙肥，提高抗病力。

（3）及时排水灌水：凡地势地凹、排水不良的地块，要加强排水工作，做到雨停地无水。干旱季节要及时灌溉抗旱，提高植株生活力。

（4）化学防治：发病初期喷洒75%百菌清可湿性粉剂600倍或80%大生（新万生）可湿性粉剂600倍液或70%甲基托布津可湿性粉剂800倍液。

**（十一）花生叶斑病**

花生叶斑病包括花生黑斑病和褐斑病，在花生产区普遍发生，两种病害常在田间同时发生，导致减产10%～20%严重达40%以上。

1. 症状

在花生生长中后期，叶片、叶柄、托叶和茎秆均可受害。黑斑病叶片发病一般均由下而上，初生褐色小点，后扩大为圆形或近圆形病斑，病斑较小，约1～5mm。颜色逐渐加深呈黑褐色或暗黑色。叶片正面病斑具明显的淡黄色晕圈，背面生许多黑色小点或呈同心轮纹。潮湿时病斑产生一层灰褐色的霉状物。褐斑病早期病状不易与黑斑病区别，形成黄褐色和铁锈色针头大小病斑，以后逐渐扩展成4～10mm，较大病斑圆形或不规则形，表面淡褐色或暗褐色，边缘有较明显的深黄色晕圈。在老病斑上产生灰色霉状物。茎部、叶柄上病斑为长椭圆形，暗褐色，中间凹陷。严重病株早期落叶，茎部变黑枯死。

2. 病原

两种病原分别属半知菌亚门丛梗孢目，尾孢属真菌，黑斑病为求座尾孢菌。黑斑病菌的菌丝生长在寄主细胞间隙中，在叶肉细胞内产生分枝形吸器，分生孢子粗短，呈圆筒形，顶端稍窄，灰褐色至淡橄榄色，有1～8个隔膜，分生孢子梗成丛，环生与子座中，梗呈肘状弯曲，红褐色。褐斑病菌的菌丝分布于寄主细胞间和细胞内，不产生吸器，分生孢子细长，棒状或倒棒状，弯曲、淡橄榄色，有4～12个隔膜。分生孢子梗散生，下有一菌丝块。

3. 发生特点

两菌原均可借菌丝座或菌丝在土表植株残体上或黑色秧上越冬，为翌年初侵染源。分生孢子借气流传播，从花生气孔或表皮组织侵入，形成病斑，产生分生孢子，重复侵染。褐斑病一般在开花前开始发生，黑斑病发生略晚。其发生高峰均在收获期前半月左右，在豫北地区此病发生盛期在 8 月份，但防治适期在 7 月中旬。

叶斑病菌生长发育温度 10 ~ 30℃，适温为 25℃左右，相对湿度 80% 以上，雨量在 10mm 以上，雨日 3 天以上，露日 3 ~ 4 天，有利于病害流行。花生生长后期，遇多雨潮湿，发病严重。土壤肥力差，花生生长不良，病害发生重，连作地比轮作地发病重。花生生长前期抗病，后期感病，幼嫩器官抗病，老龄器官感病。

4. 防治方法

（1）控制初侵染源：清除田间病残体，及时耕翻整地，加速病残体分解。播种前清除所有田间花生秸，防止产孢。重病地实行两年以上轮作。

（2）选用抗病品种：一般直立型较蔓生型抗病，叶形小而深绿的品种较叶型大而浅绿的品种抗病。叶片较厚，叶色较深，气孔直径较小的花生品种较抗病。

（3）加强栽培管理：适时播种，合理密植，施足底肥，增施有机肥料和磷钾肥，降低田间湿度，及时排水，促进花生健壮生长，提高抗病力。

（4）化学防治：防治花生叶斑病，只要按质、按量、按时进行防治，就能受到良好效果，叶斑病始盛期一般在 7 月中下旬至 8 月上旬，当病叶率达 10% ~ 15% 时，亩用 80 亿单位地衣芽苞杆菌 60 ~ 100g，或 28% 井冈 · 多菌灵悬浮剂 80g 或 70% 甲基托布津可湿性粉剂 100g 或 45% 代森铵可湿性粉剂 100g 或 80%

新万生（大生）可湿性粉剂100g，加水50kg喷雾防治，10天后再喷1次效果更好。

### （十二）花生网斑病

花生网斑病又称花生云纹斑病、污斑病或网纹污斑。是我国近几年来新发生的花生叶部病害，造成花生生育中后期大量落叶，影响产量。一般年份导致花生荚果减产10%～20%，严重年份减产30%以上，此病目前处于发展趋势，严重威胁着花生的生产。

1. 症状

该病从花生开花到收获均可发生。发病盛期在花生生长中后期。主要为害叶片和叶柄，以叶片为主，茎也可受害。一般植株下部叶片先受害，病斑由叶片正面的针状褐色小点，逐渐扩大愈合形成褐色至栗褐色圆形或椭圆形或不规则的大污斑，因发病条件不同，病斑也有不同。一种病斑较小，直径不大于0.7cm，边缘较明显，周围有黄褐色晕圈，病斑着色均匀；另一种病斑较大，直径可达1.5cm，边缘初为白色放射状，后变为褐色，病健边界不明显，周围无黄色晕圈。病叶极易脱落。罹病初期叶片背面无明显症状，后期隐约可见有淡褐色病斑，病部有不明显的小褐点（分生孢子器）。叶柄和茎受害，初为一小褐点，后扩展为长条形或椭圆形病斑，边缘水渍状，中央凹陷，可引起茎叶枯死。病部可见不明显的褐色粒点。

2. 病原

病原是半知菌亚门球壳孢目茎点霉属真菌花生茎点真菌。菌丝白色透明，有分隔。分生孢子器埋生，褐色，圆形或不规则形，有孔口。分生孢子无色，长椭圆形，多为双胞，少数三胞、单胞和四胞，分隔处稍皱缩。厚垣孢子近球形或不规则形，褐色光滑，单生或串生，顶生或间生，也可聚集成团。

3. 发生特点

该病菌以分生孢子器或厚垣孢子随病残体越冬，翌年以分生孢子器孢子和厚垣孢子进行初侵染。侵染初期，菌丝体以菌索于叶子表面蜡质层下，呈白网状，后随叶脉以放射状向外扩展，呈星芒状。最后形成黑褐色病部，并形成分生孢子器，产生新的器孢子进行再次侵染。器孢子主要借风雨灌水传播。

病害发生程度与茬口安排、栽培方式、温湿度及降雨有较明显的影响。重茬地发病重，覆膜田发病重于露栽田，平种发病重于垄种，氮肥施用量过大、黏壤地、低洼地、密植地发病均重。麦套花生较夏直播发病轻。在结荚期高温高湿有利于病害流行。据山东徐秀娟研究，花生网斑病年度发生程度与当年花生生育期长短和生育期气温呈显著的正相关，与生育期相对湿度呈显著正相关，但与生育期降雨呈负相关。

4. 防治方法

(1) 选用抗病品种：抗性较好品种有鲁花 4 号、鲁花 7 号和鲁花 11 号。

(2) 改进栽培技术：轮作换茬，可与甘薯、玉米、大豆等作物轮作。清除病残体，减少菌源。深耕，减少表层菌源。增施有机肥和磷钾钙肥，及时中耕松土，合理灌水，提高抗病力。

(3) 化学防治：于花生播种后 3 天内，用 25% 百科（双苯三唑醇）可湿性粉剂或 80% DTM 可湿性粉剂，或 80% 大生可湿性粉剂，均用 400 倍喷雾，封锁土壤中菌源，减少初侵染源。与发病初期，叶面喷施 25% 百科可湿性粉剂，亩用 20～30g 对水 50kg 或 80% 大生（新万生）可湿性粉剂 500 倍液或 70% 代森锰锌可湿性粉剂 500 倍液。均能取得较好的防治效果。

**(十三) 花生锈病**

花生锈病是近年来逐渐扩大危害的一种病害，以往仅在南方发生，现已蔓延至北方地区，个别田块发生较重，一般减产

15% ~25%。

1. 症状

在苗期到成株期均可感病。主要为害叶片，有时为害叶柄、托叶、茎和果柄等。叶片发病，首先出现针头大小淡黄色病斑，后逐渐扩大变为红褐色凸起，表皮纵裂，露出红褐色粉状夏孢子堆。包子堆由淡黄色逐渐变黄褐色，最后呈褐色。病斑周围有一个不太明显的黄色晕圈。叶片上的病斑，背面多于正面。病害植株先由下部叶片发病，逐渐向上蔓延，到结荚期发病最重，也可见到发病中心。发病后植株矮小，提早15 ~20天落叶枯死，收获时果柄易断落荚。

2. 病原

病原是担子菌亚门冬孢纲柄锈菌属真菌花生锈病菌。其夏孢子蜡黄色，单胞，圆形或椭圆形，表面有微刺。孢子中轴两侧各有一发芽孔，未发现冬孢子。

3. 发生特点

病菌主要是以夏孢子在病株残留物或种子上越冬。翌年借气流、风雨传播，在叶片具有水膜的条件下侵染，以夏孢子进行再侵染。夏孢子发芽温度11 ~32℃，以25 ~28℃最适宜，花生生长期的温度均能满足病菌发芽。

高温高湿，温差变化大，易引起病害流行，氮肥过多、密度过大、通风透光不良可加重病害发生，夏花生早播发病重，晚播病轻；土壤瘠薄发病重，肥沃土壤发病轻。

4. 防治方法

（1）改进栽培管理：清除田间病残体，并集中燃烧或腐熟后做沤肥，施足基肥，适量追施氮肥，增施有机肥和磷钾肥。选择排灌方便地块，并起埂开沟以利排水。

（2）化学防治：防治要早，以开花期开始喷药为宜，可用15%粉锈宁1 000倍或羟锈宁1 000倍或30%百科乳油每亩30 ~60ml，对水 60～75kg，7～10 天 1 次，共喷 3～4 次，遇雨重喷。

**（十四）花生病毒病**

花生病毒病也是近年来为害花生的主要病害，对花生生长及产量影响极大，一般发病率 80%～90%，减产 72.6%，发病率 50%～60%，平均减产 51.7%，发病率在 10%～15%，平均减产 15.3%。花生病毒病主要包括花生轻斑驳病毒（PMMV）、花生黄花叶病毒（CMV-CA）、花生矮化病毒（PnSV）、花生条纹病毒（StV）等。

花生轻斑驳病毒病是我国花生发生最广泛的一种病毒，对花生生长和产量有明显的影响，病株主茎高度减少 15%，产量减少 23% 左右。病毒源为花生轻斑驳病毒（pMMV），病毒颗粒线状，致死温度为 55～60℃，稀释限点 $10^{-4}$～$10^{-3}$，体外存活期 4～5 天。病毒在花生出苗后 10～15 天即可发生，病叶呈深绿与绿色相嵌的斑块状，重病叶组织稍僵硬，但叶片大小不变，病株稍矮化，进入花期，病害在田间迅速扩展。该病害的大面积流行主要是较高的种子带毒率和豆蚜的传毒所致。

花生黄花叶病毒病是北方花生产区局部发生的一种病害。病株主茎高度减少 30% 左右，产量减少 25%～43%。病原为黄瓜花叶病毒 CA 株系（CMV-CA），病毒颗粒球状，病毒致死温度为 55～60℃，稀释限点 $10^{-4}$～$10^{-3}$，体外存活期 6～7 天，该病主要初侵染源是花生带毒种子，蚜虫则是田间病害传播的昆虫介体。病害始发于出苗后 15 天，花期进入发病高峰。病叶呈现明显的黄绿相间状的花叶，叶片两缘稍向上翘，但大小一般不变，病株轻度矮化。

花生矮化病毒病是近年来发生的花生主要病害，常引起花生严重减产。病株矮小，长期矮缩不长，节间短，植株高度为健株的 1/3～2/3，单叶片变小而肥厚，叶色浓绿，结果少而小。病原为花生矮化病毒（PnSV），病毒质粒球形，失毒温度 50～

55℃，稀释限点 $10^{-4} \sim 10^{-3}$，体外存活期 3 ~ 4 天。主要由种子带毒和花生蚜、豆蚜、桃蚜等蚜虫传播。

花生条纹病毒引起花生黄绿相间的条纹或花叶，病原为花生条纹病毒（StV）引起。以花生荚壳、胚、子叶均带 StV，种皮极少，荚壳带毒率变化较大，田间主要由棉蚜、桃蚜、豆蚜等介体传播。

其他花生病毒病有花生矮化病毒 mi 株系（PSV-mi）对地上部影响不显著，但能明显抑制地下部荚果生长发育，小果大量增加，大中果数量明减少。黄瓜花叶病毒（cmf）引起的花叶、条纹和花生矮化病毒花叶株系（PSV-mi）引起的花叶病，以及两种或两种以上病毒复合传染后，则表现为矮化、花叶、条纹、斑驳、叶片变形、叶枯等症状，对花生产量有着极大的影响。

病毒病的寄主范围较广。主要传播界体是花生蚜、豆蚜、桃蚜等蚜虫，寄主范围广，是该病易于流行的主要原因。种子种壳等带病率较高，多年生杂草及一些树木可作为毒源的持久携带者，为病毒病的发生提供了毒源。气候干旱，有利于蚜虫发生和迁飞，则有利于花生发病。花生不同生育期抗病性能不一，苗龄15 天以内幼苗最易感病，苗龄 20 ~ 45 天（幼苗末 – 盛花）有一定的耐病性，苗龄 65 天（结荚期）抗病性明显提高，不易感染。播种早可以避免蚜虫危害，因此，播种早的发病轻。

防治花生病毒病，可选用以下方法。

（1）选用精选的无病种子：种子是病毒传播带毒的主要来源，因此选用抗病品种，控制从病区调种是控制该病远距离传播的有效途径。

（2）选用抗病品种：品种间抗（耐）病毒的差异较大，因此，选用抗（耐）病毒品种是一个有效措施。

（3）适时早播：避开蚜虫为害高峰。花生受病毒侵染最严重期是幼苗期，因此，应提早播种，促苗早发。

（4）清洁田园：清除田间地边杂草，特别是多年生杂草，特别是多年生杂草，避免在林边种植花生，特别是槐树边。

（5）加强苗期管理：播种时增施种肥，促苗早发，增强抗性。若蚜虫发生及时用抗蚜威每亩10g或10%吡虫啉可湿性粉剂2 000倍液或10%百虫畏乳油1 500倍液进行喷雾。

（6）化学防治：及早喷施防病毒制剂，始发期在防治蚜虫基础上，选用5%菌毒清400倍或20%病毒A500倍液及0.5%抗毒剂1号500倍液进行防治也可取得一定效果。

（7）推广地膜覆盖，增温保墒，提早播种促苗早发，避免蚜虫迁飞高峰与易感期相遇。

**（十五）花生烂果**

花生在结荚成熟期，常因受不良条件影响而烂荚烂果，年度之间波动较大，一般烂果率为0.8%～12.5%，严重的可达50%以上。

1. 烂果的原因

（1）在花生幼荚生长期，遭受蛴螬、田鼠等为害或受病菌为害导致荚果腐烂。

（2）花生饱果形成后，突然干旱，使花生果柄干枯老化，又遇较大降雨或灌水，病菌及水分侵入荚果，致使饱果发生腐烂。

（3）花生成熟后，未能及时收获，成熟果柄形成离层，病苗、水分侵入造成烂果。

2. 烂果条件

一般春播花生重于夏播花生，早期荚果重于晚期荚果，近主茎果节荚果重于远主茎果节荚果，时间上成熟期重于结果期。花生生长后期连续阴雨高温是烂果的主要原因，但在少雨的情况下，高温反而不利烂果发生。

3. 防治方法

(1) 选用高产优质品种：花生品种不同，其烂果率也不尽相同，豫花4号、花37、海花1号等均具一定的抗烂丰产性。

(2) 实行起垄种植：起垄种植是减轻烂果、提高产量行之有效的措施。花生播种前，开好底沟施好底肥，并进行培土扶垄，盛花期后趁墒适当深锄行间，然后培土，降低果针、荚果入土深度，增加排水能力。

(3) 及时排涝，后期减少灌水。

(4) 及时防治地下害虫及病害。

(5) 地膜花生及时破膜撤墒减轻烂果，适时收获，防止收获过晚造成烂果。

**(十六) 花生烂种**

花生播种后，常由于不良气候环境条件影响，造成烂种缺苗。

1. 烂种原因

(1) 种子质量差，霉捂或贮藏方法不当，或选用了贮藏期过长的种子。

(2) 土壤质地差、土壤水分过多或播后长期干旱，易造成烂种缺苗。

(3) 连年重茬，病害严重。

(4) 种肥或农药浓度过大或未腐熟基肥接近种子或拌种、浸种后搁置时间过长，播后易烂种。

(5) 麦垄套种，播种过早，造墒不足，光照不足或湿度变化剧烈均宜造成烂种。

2. 防治方法

(1) 认真选种。对留种花生适时收获合理贮藏，选用新花生作种。

(2) 播前带皮晒种，加快代谢活动，增加种子渗透压提高种子吸水能力。

（3）播前1~3天剥皮，剔除伤、霉和胚根萌动种子。

（4）药剂拌种防病虫：播前用花生专用菌衣地虫无按药种比1∶50拌种；地衣苞杆菌按药种比1∶60拌种；用种子量0.2%的地衣孢杆菌加种子量的0.2%的甲基托布津等杀菌剂，加适当量水混合拌种，可防鼠、防虫、防病。拌种后应及时播种，防止种子与肥料直接接触，并注意土壤墒情，防止忽旱忽涝现象发生。

**（十七）花生黄化症**

随着耕作制度的改革，花生黄化症大面积不同程度发生，使叶片失绿变黄发白，地下部根系细弱，根瘤发育不良，并诱发其他病害发生，造成提早落叶严重减产。

*1. 发病原因*

（1）长期连作，土壤中某些元素严重缺乏，土壤某些元素严重缺乏，土壤环境恶化，致使花生叶色发黄减产。

（2）有机肥使用量减少，土壤中的水、肥、气、热状况不良，土壤物理化学性质变劣，缓冲力明显下降，使叶片遇不良条件就发黄。

（3）长期单一施用氮素化肥和磷肥，造成土壤中钾、钙及其他微量元素缺乏。缺钾则下部叶片边缘变黄或棕色焦灼并向上部扩展。缺钙，则花生幼嫩茎叶发黄，根系细弱，叶背面生白斑，空果、秕果、单仁果增多，烂果率提高。缺锰，则幼叶叶肉失绿变黄白，并出现杂色斑点。缺锌，则叶片形成黄绿相间的条带，失绿变成黄白色。缺钼，则根瘤发育不良，植株矮小，根系生长受抑，叶脉失绿老叶变厚呈蜡质。

（4）土壤板结：由于重施氮肥，有机肥少，加之中耕次数少，使土壤中微生物环境条件变劣；雨后排水不及时，土壤含水量大，根系长期处在缺氧不透气状态致使叶片发黄。

（5）土壤缺铁：土壤缺铁，花生会出现大面积缺铁“黄化症”，幼叶初期发黄变白，主脉显铁锈色不规则长条斑，有的叶片变褐脱落。

（6）病虫为害：如叶斑病，特别是病毒病引起黄化，在前面已作介绍。

（7）综合性黄化：以上多种因素并存引起综合黄化症。

2. *防治方法*

（1）增施肥料：特别是有机肥料，养分全，肥效长，释放缓慢，不仅含有多种微量元素，而且还有促进植物生长的活性物质，既能增强土壤的保肥、保水性能，又能改善土壤的物理性质。

（2）合理轮作，重茬改治：合理轮作可减轻病虫害，达到合理养地，用养结合。轮作周期以3～5年为宜。对重茬又无法轮作的地块，可加深耕层，增施有机肥和微肥，进行重茬改治。

（3）及时中耕：特别是麦套花生，小麦收获后及时中耕灭茬，疏松表土，破除板结，使之通气良好，减少水分蒸发，协调土壤水分和空气，促进根系发育和根瘤活动。雨后或浇水后均应及时中耕，直到盛花期最后中耕培迎针土结束。

（4）注意排灌：花生盛花期需水量较大，要及时浇水。另外花生生长处于雨季，雨后还要及时排水，防止由积水引起花生黄花。

（5）喷施微肥：针对花生缺素症及时喷施微肥。对于缺铁黄化，可喷用0.5%硫酸亚铁或0.2%硫酸亚铁加0.2%硫酸锌，也可加入0.3%氯化钙溶液，能较好地控制黄叶病的发生，也可选用复合微肥喷雾。

（6）及时防治病虫害，特别是防治蚜虫的病毒病。

### （十八）花生缺硼症

1. *症状*

主茎和侧枝短粗，茎顶端生长点逐渐焦枯坏死，株型矮化，呈“丛生”状，茎部和根部明显开裂，心叶小而短缩，老叶叶缘干枯，叶片厚而脆，根系发育不良，根尖褐色坏死，花少、果少，甚至空壳不结果，形成花而不仁的现象，病株后期往往与缺钙、缺铁复合发生。

缺硼的花生植株，其输导组织遭到破坏，叶内碳水化合物大量积累，影响新生组织形成，导致植株变态，尖端发白，生长点死亡，同时，叶柄变粗，叶片变厚变红，常呈烧焦斑点状，花生荚果出现空壳无仁的空果。花生需硼临界期在苗期。

2. *防治方法*

在增施有机肥的基础上，对于重缺地块，可亩施硼酸 200～1 000g（最好与有机肥料配合使用）作基肥，也可用 0.02%～0.05% 的硼酸水溶液，浸种 4～6 小时在播种；也可亩用 50～200g 硼酸混于少量腐熟的有机肥中，于开花前追施；叶面喷肥则用 0.1%～0.25% 硼酸溶液于苗期喷施。

### （十九）花生黄曲霉病防治

黄曲霉中的一些菌株所产生的黄曲霉毒素是化合物中毒性和致癌性最强的物质之一，历史上著名的“火鸡 X 病”事件就是由污染花生产生的黄曲霉毒素引起的真菌毒素中毒症。黄曲霉毒素不是单一的化合物，而是一大群结构十分相似的化合物，目前，至少分离出 17 种化合物，分别命名为黄曲霉毒素 $B_1$、$B_2$、$B_2a$、$G_1$、$G_2$、$G_2a$、$M_1$、$M_2$、$P_1$ 等，其中，毒性和致癌性最强的是 $B_1$，另外，$G_1$、$G_2$ 和 $M_1$ 也具有强烈的毒性。花生果、花生仁和花生油是它的主要污染对象，产毒菌株侵染花生并在籽仁内代谢产生黄曲霉毒素，食用后给人畜生命造成潜在的威胁。花生中黄曲霉毒素含量是国际贸易中的重要问题，也是影响我国花生出口的关键因子，更是影响人们健康亟待解决的问题。对于黄曲霉毒素给人们身体造成的危害，世界各国都非常重视。联合国粮农组织、世界卫生组织建议食品中黄曲霉毒素限量为0.03mg/kg。

1. 症状

发病症状在收获后的花生仁上可以明显地直观地表现出来。刚开始蔓延时，果仁呈褐色或黄褐色，有隆起的斑块儿。在贮藏期，感染病菌的花生仁渐变成为黄绿色，上面有大量的分生孢子病菌。如果混杂在花生食品中，就成为直接的致癌菌。受病菌感染果仁如果作为种子播下后，容易造成烂种和缺苗现象。

2. 病原

病原为黄曲霉，属半知菌亚门真菌。分生孢子球形或近球形，大小3.5～5μm。生长适温24～30℃，相对湿度85%。分生孢子头疏松，呈放射状，分生孢子梗直立粗糙，顶囊为球形至烧瓶状。黄曲霉菌能产生黄曲霉毒素。

3. 发病特点

栽培措施不当，为黄曲霉病的发生埋下隐患。黄曲霉菌广泛存在于许多类型土壤以及农作物残体中，黄曲霉菌的感染开始发生在田间，特别是在花生生长后期，如果遭遇干旱的天气，当土壤干旱导致花生荚果含水量达到30%时，代谢活动减弱，很容易受黄曲霉菌的感染。收获前，黄曲霉菌感染源来自土壤，土壤中的黄曲霉菌可以直接侵染花生的荚果。收获后，不及时晾晒以及贮藏不当可以加重黄曲霉菌的感染和毒素污染。

4. 防治方法

（1）选择无污染地块。栽培花生最好选择地势平坦，排灌条件良好，土层深厚的地块，地力中等以上的沙壤土或轻壤土。在花生生产区域内没有工业企业及生活垃圾、废水的直接污染，水域上游、上风口也不能有对花生生长环境污染威胁的污染源。

（2）土壤消毒。用生物土壤消毒剂，石灰、硫酸铜、五氯硝基苯与代森锌合剂对土壤进行消毒。消灭土壤中病菌和虫卵，减少田间病虫基数和减轻生产中花生病虫害发生率。

（3）防治地下害虫 。首先实施田间混套种，与粮食作物、棉花、薯类作物实行2～3年轮作，其次结合耕翻、起垄、中耕、收获等时期，人工捡拾地下害虫。虫害发生时可人工捕捉或黑光灯诱杀，播种时随生物肥一起顺播种沟撒施白僵菌剂，每亩1kg左右。把病虫害对荚果的损伤减少到最低程度。

（4）科学排灌水。特别在花生生育后期，收获前30～50天，既要保证花生荚果发育期间保障水分的供给，在收获前干旱所造成的黄曲霉菌感染大量增加；又要避免在土温较高（29～31℃）的情况下灌水，防治荚果温差加大砸裂，给黄曲霉以可乘之机。

（5）中耕除草等田间管理不要伤害花生荚果 。在花生的盛花期，中耕除草培土时，不要伤及幼小荚果，尽量避免在结荚期和荚果充实期进行中耕除草，以免人为损伤荚果。

（6）适时收获，安全脱果。在花生成熟期，在遇干旱又缺少灌溉的条件下，可以适当提前收获。试验表明，如果在正常成熟期前两周收获，可以大大减少了黄曲霉菌的污染。收获后及时晒干荚果，一定要将花生种子的含水量控制在8%以下，这样可以有效杜绝种子感染环境中的黄曲霉菌。如果果穗发病率达10%时，应在含水量降至26%～28%时提前收获，进行人工干燥，防止病害加重。

（7）安全贮藏。入库前要晒干，减少含水量。用氨、二氧化硫、丙酸通过低温干燥系统可有效控制贮藏真菌。

## 二、花生虫害

花生害虫除地下害虫蝼蛄、蛴螬、金针虫外，还有棉铃虫、新黑地珠蚧、地种蝇、花生蚜虫和其他夜蛾类以及多种毒蛾、卷叶蛾和花生螟虫类，其他象盲蝽类、芫菁类和蓟马类、叶蝉类也能造成局部为害。

### （一）花生蚜虫

花生蚜虫又叫苜蓿蚜、菜豆芽、槐蚜，是为害花生的一种主要虫害，为害花生的蚜虫还有桃蚜、棉蚜、麦二叉蚜等，一般减产20%～30%，重者达50%以上。

1. 症状

当花生顶盖出土时，就聚集在土下嫩茎和嫩梢上为害；在苗期和团棵期；除为害嫩茎、嫩梢外还为害心叶及靠近地面叶背；开花期则为害萼管及果针。受害轻的植株，花生的生长、开花、受精和结果受到抑制；严重时植株生长停滞、矮小、叶片卷缩，枝叶发黑，蚜虫排出大量“蜜露”，造成真菌寄生，导致植株枯死，蚜虫还是花生多种病毒病的传毒介体。

2. 发生特点

花生蚜虫一年发生20～30代，主要以无翅胎生雌蚜和若蚜在背风向阳的山坡、地堰、沟边、路旁的杂草及宿根生豆科杂草上越冬，少量以卵越冬。翌年早春在越冬寄主上大量繁殖产生有翅蚜向麦田内荠菜、槐树及豆科植物寄主上迁飞，形成第一次迁飞高峰，而后花生幼苗期迁入花生田，于花生开花前期和开花期，在条件适宜时蚜量急增，形成为害高峰。盛夏及雨季来临，则迁往阴凉的乔木等寄主上生存为害，秋季气温较低，迁回越冬寄主。

花生蚜的繁殖和为害与温、湿度有密切关系，平均温度10～

24℃最适其发生，低于15℃或高于25℃对其发育有抑制作用。在适温范围内，相对湿度在50%～80%，有利其繁殖。湿度低于40%或高于85%，持续7～8天，蚜量急剧下降。遇暴风雨对蚜虫有冲杀作用。天敌瓢虫类、草蛉、食蚜蝇、蚜茧蜂类，对其发生有抑制作用。

3. 防治方法

在花生蚜虫发生期，以每块5点取样，每点查10～20穴，当蚜穴率达30%～40%时，即应进行防治。若病毒病流行年份，则应有蚜就治。

（1）化学防治：喷雾：用40%氧化乐果乳剂1 000倍液或10%百虫威乳油1 200倍液，10%吡虫啉1 500倍液均能取得较好防效。喷粉：掌握在锄第一次地前，于早、傍晚叶片闭合时进行，可喷1.5%乐果粉剂或1.5%甲基异硫磷粉剂亩用1.5～2kg。

（2）生物防治：花生蚜虫天敌种类较多，尤以瓢虫影响最大，当捕食性天敌与花生蚜之比1∶100～150时可缓治，保护天敌控制蚜量。若益害比例失调不足以控制蚜量，则选用50%避蚜雾每亩10～15g对水40～50kg喷雾。

**（二）花生一般地下害虫**

花生地下害虫有蝼蛄、蛴螬、金针虫等，该虫类食性杂，发生广，花生整个生长期均可受其为害，轻者造成缺苗断垄，重者全田毁种，造成损失很大。

1. 蛴螬

蛴螬系金龟甲幼虫的总称，俗称白土蚕。发生种类较多，其中发生普遍的有暗黑鳃金龟。东北大黑鳃金龟、铜绿丽金龟、黑绒鳃金龟、拟黄毛鳃金龟、黄褐丽金龟、云斑鳃金龟、毛黄鳃金龟等，成虫幼虫均可为害。成虫嘴食花生嫩叶和果针。幼虫在地下咬断根茎或钻蛀荚果死苗，造成空壳减产。

一般种类一年发生一代，或两年完成一代。以老熟幼虫或成虫幼虫交替越冬。大部分幼虫为害盛期在6月下旬至9月上旬。成虫有的有趋光性和趋嫩性。

2. 蝼蛄

蝼蛄主要有华北蝼蛄和非洲蝼蛄，多以成虫和若虫为害。主要取食花生幼苗、幼根、幼茎及刚播种的种子等。被害处呈乱麻状，并在地表窜动，形成纵横弯曲的隧道，使幼苗、幼根离开土壤干枯而死，造成缺苗。

华北蝼蛄生活历期较长，大部分地区3年完成一代，以成虫及幼虫在地下150cm处越冬。为害花生有两个高峰，一个是在花生播种后苗前期，另一个是在8月中下旬至9月中旬，取食花生根茎及果柄。华北蝼蛄喜潮湿土壤，沙壤土及腐殖质多的地块发生重。成虫有趋光性和趋腐性。非洲蝼蛄则一般两年完成一代，以成虫和若虫越冬，以成虫、若虫为害花生整个生育期。成虫趋光性较强。行动灵敏，还趋牛马粪堆和未腐熟的有机物堆积地方。

3. 金针虫

金针虫系鞘翅目叩头虫科幼虫的总称。主要由沟金针虫、细胸金针虫、褐纹金针虫，分布较广，食性很杂。主要以幼虫为害花生幼芽及种子，咬断刚出土幼苗，也可钻入已长大的幼苗根部内取食，被害处不完全咬断，断口不整齐，也可钻蛀花生幼果及成果引起果腐。

三种金针虫多2~3年完成一代，以成虫和幼虫在土中越冬，因生活历期较长，幼虫发育不整齐，有世代重叠现象，以幼为为害，对花生为害期一般在6月中下旬至9月上旬，雨水多土壤湿润，有利于其发生为害，成虫有假死性。

为害花生的地下害虫，以蛴螬对其产量和效益影响最大，因此，在防治上以蛴螬作为防治重点，同时，可兼治蝼蛄、金针虫。

（1）农业防治：有条件地区可进行水旱轮作，浸水杀虫；采取精耕细作，深耕多耙，杀伤虫源。

（2）成虫高峰插毒枝：于成虫出土高峰期用 1.5m 以上的新鲜带叶杨柳枝或其他喜食树枝，在 600 倍的 40% 氧化乐果乳油稀释液内浸一下取出，天黑前按 10m 见方插入田内，把成虫诱杀在产卵前。

（3）孵化高峰治幼虫：初孵幼虫抗药力小，移动性差，在孵化高峰至孵化盛末期内虫口密度亩可达 2 500头以上时，抢在孵化高峰前每亩用 50% 辛硫磷乳油剂或 32% 辛硫磷微胶囊剂或每亩用 14% 毒死蜱颗粒剂 1.5kg 撒于作物基部然后覆土或 40.7% 毒死蜱乳油 10 000倍灌根。也可施药后随时浇水，可达到良好防效。

（4）快速施药：露地花生，在大雨之前或灌水前，每亩用 3% 米乐尔颗粒剂 2kg 或特丁磷颗粒剂 125 顺花生秧苗顶部撒施，平均防效可达 90% 以上，必须借助大雨或灌水进行。

**（三）花生新黑地珠蚧**

花生新黑地珠蚧是近年来花生老产区发生的一种地下害虫，发生较重田块一般减产 20% ~30% 。

1. 发生特点

该虫一年发生一代，以二龄幼虫（珠体）在土内 20cm 以上土层中越冬。翌年 5 月下旬雌株体羽化，羽化后在土表活动，并进行交配，雌成虫在土内做一卵室。6 月上、中、下旬为卵盛期，6 月下旬为一龄幼虫孵化盛期。一龄幼虫与土表活动，寻找寄主而后以口针刺入花生根部固定下来，吸取植株叶液进行为害。自身足和腹渐退化，形成浅褐色圆形珠体，随着为害加重，变成黑褐色，表层坚硬，外被一薄层白色蜡质的珠蚧。一般在 7 月下旬至 8 月下旬造成花生大量死棵。

2. 防治方法

（1）花生收获后及时捡珠体，集中销毁。

（2）合理轮作，与非豆类（禾本科）作物轮作3年以上。

（3）6月上中旬产卵盛期，及时中耕、浇水，破坏卵室，降低卵孵化率。

（4）在6月中下旬，及幼虫盛期，亩用3%米乐尔颗粒剂2kg或3%甲基异硫磷颗粒剂2kg，穴施花生基部，然后浇水，防效可达80%。

**（四）花生棉铃虫**

以幼虫食害花生的叶片和花蕾。将叶片食成残缺不整，特别取食花蕾影响受粉，减少果针入土数量，造成严重减产。

1. 发生特点

该虫在豫北一年发生4代，以蛹在土壤中越冬。成虫日伏夜出，取食花蜜，趋光性强，趋化性弱。卵多产于花生植株顶叶上，有时产于花生及花托上。以第二代和第三代幼虫为害花生最重。1～2龄幼虫主要为害心叶，3龄以上则大量食害叶片和花蕊，4龄后转株为害。

适宜发生温度为25℃左右，相对湿度70%～80%，7～8月降雨多，湿度大，发病重。花生生长茂密郁闭，田间湿度大，发病重。

2. 防治方法

（1）农业防治：施行冬耕、深耕，破坏越冬蛹；成虫发生期用杨柳枝把诱蛾捕杀。

（2）化学防治：对二代棉铃虫则在百墩卵粒达40粒以上时亩用Bt乳剂250ml加0.5%阿维菌素（又名齐螨素）40ml加水30～50kg喷雾，7天后再治1次。亩用50%辛硫磷乳油50ml加20%杀灭菊酯30ml对水50kg喷雾，并能兼治金龟子和其他食叶性害虫。幼虫龄大于3龄以上时，则选用50%辛硫磷1 000倍加

25%杀灭菊酯乳油1 200倍或5%氯氰菊酯1 000倍液进行扫残。

**（五）草地螟**

草地螟又称黄绿条螟，为杂食性害虫，除为害花生外，还为害豆类、甜菜、蔬菜等多种作物。

以幼虫取食花生叶片。初孵幼虫取食幼嫩叶片和叶肉，残留表皮，并常群集为害，可吐丝将叶卷曲呈网状，幼虫潜伏网内。3龄后，食量大增，幼虫分散并将叶片吃成缺刻而仅剩叶脉，还可取食花蕾及花托。

1. 发生特点

草地螟在豫北地区一年发生2～3代，以老熟幼虫在丝质土茧中越冬。越冬幼虫在翌春随着日照的增长和气温回升，开始化蛹，一般5月下旬至6月上旬为羽化期。为害盛期在6月下旬至7月上旬。

草地螟成虫有群集性，对多种光源有很强趋性。尤其是黑光灯趋性更强。成虫需补充营养，常群居取食花蜜。成虫产卵有极强选择性，一般选择气温适宜比较湿润的地方，卵多产在花生嫩叶上和杂草上，卵单产或块产，成覆瓦状。幼虫有吐丝结网习性，大龄虫分散为害遇有触动即作螺旋状后退或呈波浪式跳动，吐丝落地向前爬行。幼虫老熟时，钻入土层4～9cm深，化袋状丝质茧，竖立土中。

2. 防治方法

（1）农业防治：在产卵之前锄净田间及田边杂草，减少产卵。

（2）化学防治：初孵盛期，选用50%辛硫磷1 000倍加灭菊酯乳油15 000倍。

**（六）稀点雪灯蛾**

稀点雪灯蛾是为害多种作物的一种杂食性害虫，常常为害麦套花生，把花生幼苗叶茎全部吃光。

1. 发生特点

该虫一年发生3代，以蛹越冬。第一代幼虫5月中至6月中旬发生，第二代6月下旬至8月上旬，第三代幼虫8月中旬至9月中旬，9月中旬后化蛹越冬。

成虫羽化后第二天交尾，交尾后2天产卵，卵多在叶背及幼茎部，成块状。成虫趋光性很强，白天多栖息在作物丛中叶背不动，惊动后有假死现象。初孵幼虫只啃食叶肉，剩下表皮和叶脉。3龄蚕食叶片，吃成缺刻，4~6龄进入暴食期。幼虫白天栖息在叶背、土块和枯枝落叶下面，下午取食，傍晚取食最盛。幼虫老熟后转至地头路旁土块和枯枝杂草下，吐丝将体毛和碎草叶黏结成一薄茧，然后化蛹。一般在平原高产水浇麦套花生田，因植株茂密郁蔽发生危害较重，雨多不利低龄幼虫活动取食，降水多也可明显降低幼虫数量。以第一代、第二代幼虫对花生为害较重。

2. 防治方法

（1）农业防治：改变种植方式增加植株通风透气度，减少产卵，降低幼虫密度。

（2）化学防治：每亩用20%百多威乳油40ml加20%杀灭菊酯30ml对水50kg在产卵盛期喷雾，于7天后再喷防一遍。在傍晚喷雾，效果理想。

**（七）花生红蜘蛛**

花生红蜘蛛包括朱砂叶螨、棉叶螨、截叶螨和苜蓿螨等，成若虫群居于叶背吸食营养液，造成叶片正面失绿，并很快落叶，重者造成大面积无收或减产。

1. 发生特点

一般年发生12~15代，以雌成螨在土缝中、杂草、枯枝落叶下，或树皮裂缝中蛰伏越冬。早春越冬雌螨开始活动，将卵产于杂草上生长繁殖，然后转至其他作物上，传到花生为害。

红蜘蛛在 20～28℃温幅中，温度越高，发育越快。干旱有利其发生，大雨有抑制作用，小雨对其扩散为害有利，合理施氮、磷肥和及时除草可以减轻为害。

2. 防治方法

（1）农业防治：晚秋早管，结合积肥铲除田埂、沟、渠、路边和田间杂草，减少螨源。

（2）化学防治：及时查治，开展早期点片防治，控制扩散，发生高峰期之前全田喷药。适用药剂有 50% 硫悬乳剂 300 倍；20% 三氯杀螨醇乳油 1 000倍；10% 吡虫啉可湿性粉剂 2 000倍液；10% 百虫畏乳油 1 500倍液；20% 哒螨灵 1 000倍均匀细致喷雾，均可取得理想的防治效果。

## 三、花生杂草及防治

随着肥水条件的改善，复种指数的提高，花生田杂草的为害日益严重，且人工拔除耗费许多人力物力，故防除花生田间杂草，对提高花生产量也很重要。

花生田杂草种类很多，发生量大，据调查有 20 科 60 多种。发生为害较大的杂草有禾本科的马唐、狗尾草、牛筋草、旱稗、狗芽根、茛草等，合计可占杂草总量的 60%。莎草科的杂草有异型莎草、碎米莎草、香附子等。阔叶杂草有藜、苋、鲤肠、铁苋菜、马齿苋、田旋花、龙葵、苘麻、小蓟、野塘蒿、蓼、营耳等。夏播花生麦收后至花生封垄前是杂草发生高峰，此时花生处在幼苗至开花下针期，正值高温多雨季节。雨季来得早、阴雨连绵的年份，极易形成草荒。轻者缺苗断垄，减产 10%～30%，重者减产 50% 以上。

花生田间杂草的防治，应坚持综合、协调防治的原则。

1. 防止杂草种子侵入农田，减少滋生源

及早清除农田附近荒地、田边地头、路旁沟渠、坟头等处杂草，止其开花结子向田内扩散；施用充分腐熟的有机肥，或不施用含有杂草种子的原料积肥，以防杂草种子带入田间。

一般小粒和喜光性杂草种子如藜、苋、牛筋草、狗尾草等优势种杂草，大都在土层4cm以内，在小麦播前深翻30cm以上，将大部分草籽翻入土层深处，减少其发芽机会。

2. 合理轮作倒茬

实行花生与高秆作物轮作，改变田间杂草种类分布和生境，减少单一杂草的过大滋生。

3. 及时中耕除草或人工拔草

麦收后及时中耕除草2~3次，花生封垄前中耕培土1次，坚持雨后必锄或锄早的原则，对于大株型杂草，应及时人工拔除。

4. 合理选用化学药剂进行防除

（1）氟乐灵防除花生田禾草：选用48%氟乐灵乳油每亩150ml于播种前2~3天，对水40kg喷雾后混土7cm，以后保持土壤湿润，于傍晚日落前施药，随即混土，效果较好。

（2）除草通防除花生田禾草：33%除草通乳油在土壤墒情好的条件下，亩用250ml对水50kg于播后出苗前进行均匀喷雾。可与果尔、恶草灵混用，沙土应减量。

（3）喹禾灵防除花生田禾草：10%喹禾灵乳油亩用75ml对水50kg，在土壤湿润空气湿度较大的条件下，掌握在杂草3~5叶期用药。防除多年生杂草应加大剂量，药后2~3小时下雨不影响药效。

（4）拉索防除花生田禾草：48%拉索乳油亩用200ml加水50kg，于播后苗前进行喷雾，药后洇水可提高防效。若药后土干可浅混土，土壤湿度大时对苋、藜、蓼也有控制作用。

（5）精禾草克防除花生田禾草：5%精禾草克乳油在禾草2～4叶期，亩用55ml对水30～40kg喷雾。禾草4～5叶期用80ml，并可同防除阔叶草的除草剂虎威混用。

（6）拿捕净防除花生田禾草：12.5%拿捕净机油乳剂在禾草2～3叶期，亩用70ml对水40～50kg喷雾。禾草4～5叶期用130ml，早晚用药比中午高温时用药好，温度低时用药可减量。

（7）精稳杀得或高效盖草能防除花生田禾草：15%精稳杀得乳油或10.8%高效盖草能乳油在禾草2～4叶期，亩用55ml对水30～40kg喷雾，禾草4～5叶期要用80ml。

（8）威霸防除花生田禾草：7.5%威霸浓乳剂在禾草2～4叶期，亩用60ml对水30～40kg进行均匀喷雾；土壤湿度大有利提高防效，喷药2小时后降雨不影响药效，杂草2叶期空气湿度大，亩用量可以降至40ml，天气严重干旱时不宜使用。

（9）杂草焚防除花生田阔叶草：21.4%杂草焚水剂在杂草2～4叶期，亩用60ml对水30～40kg选在温度21℃以上，均匀喷雾。应避开6小时内下雨。

（10）排草丹防除花生田莎草和阔叶草：48%排草丹（苯达松）水剂在花生1～3复叶期，阔草叶2～5叶期，亩用175ml对水30～40kg，选光照较好的晴天进行喷雾。避开8小时内下雨；防止对周围阔叶作物药害，若防除铁苋菜则应在杂草1～2叶期亩用250ml。

（11）克莠灵防除花生田莎草和阔叶草：44%克莠灵水剂在杂草2～5叶期，亩用100ml，对水30kg在无风或微风天气喷雾。避开施药后6小时内下雨，高温干旱时缓用。药后可能出现花生叶上有褐斑，5～7天可以恢复，不影响产量。

（12）乙草胺防除花生田禾草和莎草：50%乙草胺乳油在播种后出苗前，在土壤墒情好的情况下，亩用100ml对水50～60kg均匀喷雾。沙土地要减量；土壤湿度大时对阔叶草也有一定防效，乙草胺对已出苗杂草无效。

(13) 异丙隆防除花生田禾草和阔叶草：50%异丙隆可湿性粉剂在播后苗前，亩用150g对水50～60kg均匀喷雾，要求土壤墒情好，若土壤干旱，施药后应洇水。

(14) 地乐胺防除花生田禾草和阔叶草：48%地乐胺乳油在播种前亩用200ml对水50kg喷雾，混土5～7cm，墒情好可提高防效。尽量缩短施药与混土的间隔时间，此药对莎草科防效差。

(15) 果尔防除花生田禾草、莎草和阔叶草：23.5%果尔乳油在播后苗前，亩用60ml对水40～60kg喷雾，要求土壤墒情好，播种后要严密盖种，严防露籽。沙土可减量，用量不可太大，一般不宜超过100ml，花生出苗后不宜喷雾，可采用毒土法，但一定要洇水。

(16) 农思它防除花生田禾草、莎草和阔叶草：25%农思它(恶草灵)乳油在播后苗前，亩用140ml对水40～60kg均匀喷雾，要求土壤墒情好，花生对恶草灵耐性很强，但不可对出苗花生喷雾，药后干旱应洇水，若在出苗后施药可用毒土法，此药对香附子防效差，可与乙草胺减量混用。

(17) 旱草灵防除花生田禾草、莎草和阔叶草：37%旱草灵乳油在播后苗前，亩用90ml对水50kg均匀喷雾，要求土壤墒情好，苗后不可喷雾可结合洇水施药，对香附子防效差。

(18) 莎扑隆防除花生田香附子等莎草：50%莎扑隆可湿性粉剂500g对水30kg，播种前喷雾，湿混土5cm，48%排草丹(苯达抗)200ml，对水30kg，花生1～3复叶，杂草2～4叶期喷雾。

## 四、花生田鼠害防治

农田鼠害发生于各种农作物，但尤其是花生受害较重，播种期可刨食种子种芽而造成缺苗断垄，中后期则取食幼嫩荚果和根系，并能搬运花生成熟荚果作为冬贮食物，故花生田鼠害防治已成为农业植保的一项主要任务。

## （一）褐家鼠

褐家鼠又称大家鼠、沟鼠、大老鼠等，是家野两栖的人类伴生种。

### 1. 形态特征

体形肥大，体长 150～250cm，尾较短，耳朵短而厚，头小吻短，后足粗大，长 35～45cm，后足趾间具一些雏形的蹼。乳头 6 对。体背毛棕褐色至灰褐色，毛基深灰色，毛尖棕色；腹毛苍灰色，毛尖白色，尾上面黑褐色，尖端白色。头部顶间骨宽度与左右顶骨宽度之和几乎相等。

### 2. 生活习性

栖地广，适应力强，多栖息于居民地及其周围。洞系结构规律性不强，凡可以隐蔽的场所均可作窝。洞口一般 2～4 个，进口只有一个，出口处有松土堆。洞道长 50～210cm，深 30～50cm，洞内具有一个窝巢和几个仓库。夜间在室外活动，黄昏和黎明前为活动高峰。繁殖力强，年繁殖 2～3 窝，每胎 1～15 仔，每年 4～5 月和 9～10 月为其繁殖高峰期，妊娠期 21 天，仔鼠 3 月龄达性成熟，生殖力达 1.5～2 年，寿命达 3 年以上。

### 3. 为害特点

一般距离村庄建筑物、道路、坟丘、水沟、地边沟沿、河边较近的地块，花生受害较重，主要刨食成熟花生荚果或其他作物营养贮存体，有时也将其作为冬贮食物贮存于仓库中。

### 4. 防治方法

（1）综合防治：从农田整个生态系出发，治理环境，搞好农田、村边、室内外环境卫生，农耕除草减少鼠害隐蔽条件，合理安排作物布局及播种期。

（2）化学防治：用0.05%敌鼠钠盐、杀鼠灵毒饵或0.06%杀鼠迷颗粒毒饵或用0.01%大隆、溴敌隆、氯敌鼠颗粒毒饵。一般每亩投放200～250kg左右，并注意地头、沟边、坟头、村边重点投放。

（3）也可使用中号鼠荚用花生仁或葵花子做诱饵置于鼠洞附近或鼠道上。

**（二）黑绒姬鼠**

黑绒姬鼠又称田姬鼠、黑线鼠发生面积广，主要为害各种作物种子及果实和其营养器官。

1. 形态特征

体长65～120mm，头小吻尖，耳长，前翻可接近眼部，尾长为体长2/3，尾毛不发达，鳞片裸露呈环状。背毛一般棕褐色，背毛基部多为深灰色，上段黄棕色，有些带有黑尖。背部具有一条明显黑线，从两耳之间一直延伸至近尾基部，体侧毛棕色，无黑毛尖，腹部与四肢内侧毛灰白色，毛基灰色，毛尖白色。

2. 生活习性

栖息环境较广泛，以向阳、潮湿、近坑塘居多，在农田多于背风向阳的田埂、堤边、沟沿、河沿、土丘筑洞栖息。洞系简单，分栖息洞和临时洞两种栖息洞多为2～3个洞口，洞道长纹1～2m，内有岔道和盲道，窝巢用干草筑成，结构紧密坚实，不易脱落。临时洞简单，只有一个洞口，无窝巢，一般无存粮习性主要以夜间活动为主，尤以上半夜最为活跃，白天一般不活动。无冬眠，繁殖力强，年2～3窝，春季为繁殖盛期，每胎产仔多为5～7个。

3. 防治方法

防治适期主要掌握在春秋两个繁殖高峰，对于花生田应在繁殖前进行防治。其他防治方法见褐家鼠。

### （三）大仓鼠

大仓鼠又叫大腮鼠、灰色鼠等，主要盗食植物种子，优喜油料种子，是花生产区主要害鼠。

1. 形态特征

体长140～200mm，体重70～120g，尾短，长度不超过体长一半，耳短而圆，具极窄的白边。头钝圆，具颊囊，乳头4对。冬毛背面深灰色，体侧较浅，腹部与四肢内侧均为白色，尾尖白色，尾上、下暗色。夏毛稍暗，幼体纯黑色。顶间骨宽大近长方形。顶骨前外角略向前伸。

2. 生活习性

大仓鼠喜栖居于土质松软干燥的农田、菜园、田埂、堤边、路旁及林缘、荒地等处。洞穴不很复杂，每个洞系具有2～4个洞口，有一洞道与地面垂直，深20～140cm，后与地面平行长2～14m。洞内具仓库2～3个，巢室1～2个。仓库直径7～10cm，深35～140cm，可贮粮4～10kg，洞口分明暗两种。明洞稍高，向阳，洞口光滑，无遮盖物，为进出口；暗洞出口软，隐蔽，洞口用浮土堵塞形成圆形土丘，略高于地表。大仓鼠主要夜间活动，不冬眠，营独居生活。繁殖力较强，年产3～5胎，每胎2～18仔，6月和8月为其妊娠高峰期。

3. 防治方法

（1）环境治理：平整土地，铲平土岗、废旧沟渠和田埂，扩大水浇地面积，深翻深耕土地，破坏其生境。

（2）合理布局：花生、大豆等豆类作物为害严重，要连片、大片种植，防止仓鼠集中小块地加重为害。

（3）药剂防治：仓鼠对慢性抗凝血剂有较大耐药性。一般使用急性杀鼠剂。0.5%溴代毒鼠磷；1.5%甘氟等毒饵均可。封锁带式投饵（即将毒饵投在田埂、地边等特殊环境内侧3～5m处，按5ml堆，围地投饵一周），每堆1g毒饵，颗粒毒饵勿成堆放置，以防被仓鼠搬运洞内贮存。

**（四）黑线仓鼠**

黑线仓鼠又叫纹背仓鼠、小仓鼠、小腮鼠等。盗食植物种子，也吃营养体，是花生生产区的主要害鼠之一。

1. 形体特征

体小型，体长80～110mm，尾短，约为体长的1/4，外表肥壮，吻钝较短，耳短而圆，口腔具发达的荚囊。由头、体背到尾背以及颊部，体侧和四肢背面毛色均为黄褐色或灰褐色。背中央有条黑色或暗褐色的纵纹。胸部、腹部、四肢内侧、足背和尾腹面均为白色或灰白色，背腹部毛色间界线明显。耳基部暗色而端部有白缘。

2. 生活习性

小仓鼠多在田埂、土坡、坟头栖息。洞穴多在无水或高出水平地段，洞穴结构比较简单，多数自己营巢，有时也可利用其他鼠的弃洞。洞穴分为临时洞或贮粮洞和居住洞两大类。临时洞或贮粮洞，通常较浅，只1个洞口深入地下30～40cm，洞道与地面平行，只有简单的巢或扩大洞道作为临时性鼠害，供临时贮存粮食或巢材。居住洞的构造较复杂、较深，是居住与产仔的场所，洞口1～3个，洞道垂直或斜行伸长地下40～50cm，长220cm以上内有巢室，巢呈圆形，洞道内分叉处有仓库。

夜间活动，白天多隐居在洞中。繁殖力强，3～10月份为繁殖期，5月和9月为两个繁殖高峰。一年可生4～5胎，每胎产仔4～8个。春季高温、干旱或秋季偏旱，均有利其繁殖，而春寒与夏季暴雨、高温对繁殖与幼仔成活均有不利影响。

防治方法同大仓鼠。

**（五）中华鼢鼠**

中华鼢鼠又称鼢鼠、瞎老鼠、瞎鼠、瞎桧、拱老鼠、串地龙等。前期刨食种子、中期咬食花生幼果、后期盗食成熟花生荚果，并具有贮粮习性。

1. 形态特征

体胖较大，呈圆筒状，体长220mm，头部宽而扁，吻端平钝。耳壳极度退化，耳孔隐于毛下。眼极细小。四肢较短，前足比后足粗壮，爪呈镰刀状，第二趾与第三趾的爪接近等长。尾细短，被有稀疏的毛，尾长约为休长的1/4。全身具天鹅绒状的毛被，夏毛毛尖铁锈红色，毛基石板青色。腹毛灰黑色，毛尖锈红色。额部中央具一白斑。足背与尾毛稀疏，污白色。头骨粗壮，具明显棱角。吻鼻部和唇周围略显白色，额部中央常有一条白色纵纹。

2. 生活习性

喜在土壤疏松湿润，食物丰富的花生田及豆类田活动，喜食花生根系及幼果。洞系复杂，一般分为洞道和“老窝”两部分。洞道也称常洞，一般距地面8~15cm，与地面平行，弯曲多枝，主干道长达10余m，洞道内常有数量不等的临时巢、仓库和便所。洞道所经过的地方，地表形成一条略隆起的“虚土梁”，不见土丘或土丘很小。洞道中一些分枝的盲洞用做临时贮粮的仓库，直径9~10cm，深16~45cm。洞道深部有1~2条向下垂直成余伸的通道，直径窝室，内有巢窝，附近有仓库和厕所。窝室一般距地面1m。称之为“老窝”，直径15~29cm，深17~36cm，作居住及育儿用，以晨昏夜间活动为主，不冬眠，具贮粮习性。每年具2个活动高峰，4~5月觅食，交配，活动频繁；9~10月盗运粮食，出现第二个活动高峰，春秋可见地面上新土丘增多。中华鼢鼠怕风、怕光、怕水。年繁殖一窝，少数两窝，每胎产仔1~8个，以24个常见。

3. 防治方法

（1）农业措施：改进农田基本建设，平整土地，机耕深翻，深度30cm可破坏鼠道，有条件地区充分利用水利灌溉灭鼠。轮作倒茬铲除田间杂草，破坏鼠类取食条件。

（2）铲击法：鼢鼠怕光、惧风，且有堵洞习性。利用这一习性先切开其洞口，铲薄洞道上面表土，准备好铁锹于洞口后方静候，待鼠来洞口试探堵洞时，立即猛力切下；也可用脚猛踩洞道切断其回路，捕获之。

（3）水灌法：在浇灌农田之前，切开洞口，将水引进，可淹死大量鼢鼠。

（4）弓形夹捕打：常用1号或2号鼠夹。先找到洞道。切开洞口，用小铁锹挖一略低于洞道但大小与弓形夹相似的小坑，将弓形夹放内，并在夹上轻轻撒些松土，将夹子用铁丝固定于洞外的小木桩上。

（5）化学防治：采用0.01%溴敌隆毒饵，也可用1.5%甘氟小麦毒饵，0.05%敌鼠钠盐毒饵。饵料选择鼢鼠喜食的小麦、马铃薯、胡萝卜、大葱、花生等。投饵方法：先用铁锹将鼠道挖开，洞道两端各投入毒饵10g、15g。然后用土块将洞口盖住再用细土封严，防止通风以免鼢鼠怕风前来推土堵洞，埋掉毒饵失去作用。每个鼠洞要挖开2~3个洞口投毒饵。毒杀鼢鼠的时间最好在5月中旬前，最晚不能超过6月中旬，否则由于食物量的增大毒杀效果不好。

**（六）华北鼢鼠**

华北鼢鼠又叫东北鼢鼠、盲鼠、瞎老鼠、地羊等，主要取食植物地下部分，挖洞觅食，吃去植物根部，造成成片枯死。

1. 形态特征

体型与中华鼢鼠相似，体长220~230cm，尾短约为体长的1/5，但前肢较粗大，爪也较大。与中华鼢鼠不同的是第3趾的爪最长，后足的爪较弱。尾短，几乎全裸，只被极稀疏的白色短毛，毛细软具光泽，夏毛为浅棕灰色，近吻端为污白色，多数个体额中央具一白斑，有的个体无。耳隐于毛下，耳部常出现少数淡白色，形成不很明显的淡色斑点。背面及顶部为浅红棕灰色，毛基黑灰色，毛尖浅红棕色。身体两侧及前后肢外为淡浅红棕色，腹面灰色，具淡褐色毛尖。

2. 生活习性

栖息于农田中，洞系复杂，一般地面无明显洞口。华北鼢鼠挖洞时推出许多土，故在它们栖息的地方洞道上方形成许多小土丘。直径约40～60cm，高8～15cm。洞道分支多，且互相串通形成网状。洞道直径10cm，洞道长50～60m，深50cm，窝巢和仓库最深，距地面1m。仓库位于分枝较多的洞道中，这些洞道较大，里面堆满草根和食物。贮藏物常按不同种类分类贮藏。窝巢较大，长50cm，宽20cm，高15cm。华北鼢鼠雌雄分居，雌鼠洞穴较雄鼠洞穴复杂，仓库中贮粮也多。昼夜活动，以清晨和黄昏活动较多。不冬眠，每年繁殖1代，每次产仔2～4穴，春末夏初为主要繁殖期。

3. 防治方法

参阅中华鼢鼠防治方法。

## 五、花生病、虫、草、鼠害的综合防治

花生田中存在着多种病、虫、草、鼠有害生物，侵蚀花生组织，蚕食花生叶片，争夺土壤养分，盗食花生荚果。它们不同程度地影响着花生的产量。花生田间病、虫、草、鼠害的综合防治是一项复杂的系统工程。它要求在清查花生田中有害生物种类，及各有害生物对花生产量影响的份额和其发生规律，以及有害生物的相互关系的基础上，立足“持续农业”的观点，采取“综合防治”的措施，才能达到生态效益、环境效益和经济效益、社会效益的协调提高，从而收到理想的综合效益。

### （一）花生田病、虫、草、鼠害的关系

杂草的丛生与花生争夺养分和阳光，造成田间郁蔽，通风不

良则有利于病虫害的发生，同时，也为鼠类提供了优良的环境条件和食物条件，有利于鼠类的藏匿和取食，而杂草过多，不但影响花生生长，也给杂食性害虫提供了充足食源，引诱杂食性害虫的产卵，从而引起杂食性害虫的暴发危害。杂草也是红蜘蛛、蚜虫等越冬的良好寄主。鼠类及昆虫的猖獗危害，除直接取食花生外，还咬碎植株茎叶引起伤口，容易造成伤口感染，造成病害的流行。

杂草的减少，可改善花生田间小气候，促进了花生稳健生长，提高了花生的抗耐病虫能力，减少了田间生态物种，从而减轻了某些杂食性害虫的暴发和危害，同时，也不利于鼠类的隐匿和活动，减少了病害的发生。同时，减少用药还有利于保护和引诱有益动物，如食虫性益虫和鼠类的肉食性天敌，从而起到生物防治作用。

### （二）花生病虫草鼠害的防治原则

#### 1. 坚持农业防治为基础

农业防治是综合防治的基础，是把防治措施寓于栽培管理措施中进行的，可以尽量避免因大量施用化学农药所产生的病虫、草鼠害抗药性，避免环境污染以及对有益生物的不良影响。农业防治措施首先应以改善花生田生态环境为目标。

（1）根除草害，清洁田园：杂草能促进病虫鼠的发生和危害，又与花生争夺养分、水分和光能，影响花生正常生长。清洁田园能清除部分越冬的病虫草的繁殖体，从而减少下年病虫草发生的程度。

（2）精细整地：深翻土地，平整土地有利于花生田间管理和改善花生生境，从而减少有害物的局部滋生地。

（3）合理轮作倒茬合理密植：轮作倒茬可以利用改变病虫草鼠的生境而压低其种群数量，从而减轻或控制其发生程度。

（4）选用抗病虫品种，调节播期：选用丰产、抗逆性强的品种做主在培品种利用品种抗性控制病虫草发生，调整播种期可以躲避病虫发生侵害高峰，减少或躲避病虫对花生的为害。

（5）综合运用各种先进栽培技术，加强田间管理：①合理灌水，及时排水，减少田间积水，减少适合病虫发生的环境条件。②及时中耕培土，破除板结，保墒散墒，调整土壤水肥、气、热状况，控制适合于病虫草鼠害生境的出现。③综合运用各种增产措施，搞好健身抗逆栽培，首先应搞好叶面喷肥，如初期喷施复合微肥、磷酸二氢钾、稀土等叶面肥；其次施好用好激素，如合理使用植物生长调节剂。

花生田病虫草鼠害的防治，必须做到生态效益、环境效益、资源效益共优的社会效益，通过最优的方法，在保护好农业资源永续利用的前提下，从而达到最优经济效益。

2. 综合协调控制原则

花生田病虫草鼠害的防治，不能一对一地防治，而应采取分清主次，联合兼治，以防为主的原则。也就是协调好各项防治措施，在农业防治基础上，坚持病、草结合防治（如花生苗前喷施除草剂复配杀菌剂，能有效防止杂草发生和控制土传病害越冬，病原体产生繁殖孢子）、病虫结合等技术措施，尽可能减少田间喷药次数和喷药数量，以减少药剂对花生的生态压力和对环境的影响，以期达到农业生产资源的可持续利用。

3. 局部控制原则

某种病、虫、草、鼠在局部发生，则掌握在发生初期控制其蔓延和为害，即选择一至两种对有害生物最有效的制剂和方法，在环境条件许可的情况下，下力气控制其发展势头，但只是局部或单一用药，不是普遍用药，从而达到控制病、虫、草、鼠害之目的。

4. 花生病虫草鼠害的防治措施

花生在豫北地区主要病害有茎腐、病毒、叶斑类、根结线虫。主要害虫有地下害虫（以蛴螬为主）、花生蚜虫、棉铃虫（第二代、第三代）以及以仓鼠科和褐家鼠为主的花生田鼠害。花生田杂草则以单子叶类、马唐和牛筋草、狗尾草为主。双子叶则以苋、藜等为主，还有个别田块莎草较重。对花生田病虫草鼠害的经济有效的防治，是花生高产优质高效益的基础。

（1）播种前：①轮作换茬：实行与禾本科作物或甘薯、棉花等轮作，有效地降低田间病虫草鼠原，并改变杂草生长环境，减轻病虫草鼠的发生为害。②科学追肥：春花生播前施足有机肥，中高产田以亩施有机肥 2～$5m^3$ 为宜，增施氮肥 8kg、五氧化二磷 10kg、氧化钾 14kg。若是夏播，则宜在麦播时重施有机肥 $5m^3$ 以上，麦收后及时按上述用量补足。③精选良种：选用适宜当地栽培的抗病良种，鲁花 11、豫花 15 号、豫花 16 号，剔除发霉、小粒及紫色种子，减少种子带菌率。④及时采用灌水或毒饵诱杀地下老鼠或毒杀田间鼠。

（2）种苗期（播种至团棵）：以播后鼠害、草害、地下害虫和茎腐类病害为主攻对象，兼治苗期病毒病和蚜虫、蓟马、红蜘蛛及其他有害的食叶性昆虫。①拌种：在选晒种的基础上，搞好种子处理，用花生专用菌依地虫无按种子量的 0.2% 加 50% 多菌灵可湿性粉剂按种子量的 0.2%，加适量水混合拌种，可防鼠、防虫 、防病。②播后苗前及时喷施 48% 氟乐灵每亩 110g 或 50% 扑草净每亩 130g 或 43% 拉索 200g 对水 50kg 喷雾。若是麦垄套种则于花生 1～3 复叶期，阔叶草 2～5 叶期，采用 48% 苯达松水剂 170ml 配 10.8% 高效盖草能 30ml 加水 40kg 均匀喷雾，杀死单双子叶及防莎草。③及时喷施 50% 多菌灵可湿性粉剂 400 倍或 70% 甲基托布津可湿性粉剂 500 倍可有效控制菌核等病菌繁殖体的生长，防止花生叶部病害的侵染和发生。④及早喷施复合微肥以防治花生缺素症的发生和提高花生植株抗逆能力。⑤防治蚜虫、蓟马：花生蚜虫一般于 5 月底、6 月初出现第 1 次有翅蚜，夏播则在 6 月中上旬，首先为点片发生期，至田间普遍发生。蓟马则麦收后转入花生为害，一般选用 40% 氧乐果乳油 1 000倍或 10% 吡虫啉可湿性粉剂 2 000倍或 10% 百虫威乳油 1 500倍进行，第一次防治在 6 月中旬，第二次则在 6 月下旬，同时，兼治蛴螬成虫。⑥继续拔除个别杂草。

（3）开花下针期：主要病虫是花生蚜虫和 2 代棉铃虫以及一些其他有害生物。花生蚜虫将持续为害，应按上述方法继续防治或兼治。

对于 2 代棉铃虫则在百墩卵粒达 40 粒以上对亩用 BT 乳剂 250ml 加 20% 百多威乳油 40ml 对水 40～50kg 喷雾 7 天后在治 1 次。亩用 50% 辛硫磷乳油 50ml 加 20% 杀灭菊酯 30ml 对水 45kg 喷雾，并能兼治金龟子和其他食叶性害虫，继续喷施花生复合微肥。

（4）荚果期：为多种病虫盛发期，主要有 2 代、3 代棉铃虫、蛴螬、叶斑病等，鼠害的防治也应从此时开始。防治上应采取多病虫兼治混配施药。①防治蛴螬：防治成虫是减少田间虫卵密度的经济有效措施。根据不同金龟子生活习性，抓住成虫盛发期和产卵之前，采用药剂扑杀或人工扑杀相结合的办法。即采用田间插榆、杨、桑等枝条的办法，亩均匀插 6～7 撮，枝条上喷 40% 甲基异硫磷乳油 500 倍毒杀。幼虫防治：6 月下旬至 7 月上旬是当年蛴螬的低龄幼虫期，此时正是大量果针入土结荚期，是治虫保果的关键时期。可结合培土果针，顺垄施毒土或灌毒液配合灌水防治。施用药剂：每亩用 50% 辛硫磷乳油剂或 32% 辛硫磷微胶囊剂或每亩用 14% 毒死蜱颗粒剂 1.5kg 撒于作物基部然后覆土灌水；或 40.7% 毒死蜱乳油 10 000倍灌根。防治花生蛴螬要在卵盛期和幼虫孵化初盛期各施药一次。②防治棉铃虫及其他叶部害虫。棉铃虫对花生以第三代危害最重。应着重把幼虫消灭在 3 龄期以前。可采用每亩 BT 250ml 配 50% 辛硫磷 50ml 加水

45kg 喷于产卵盛期喷雾，应努力提高喷雾质量，7 天后再防一遍。③防治叶斑病：防治花生叶斑病，只要按质、按量、按时进行防治，就能收到良好的效果，叶斑病始盛期一般在 7 月中下旬至 8 月上旬，当病叶率达 10% ~15% 时，亩用 50% 多菌灵可湿性粉剂 80g 或 70% 甲基托布津可湿性粉剂 60g 或 70% 代森锰锌可湿性粉剂 100g，80% 新万生（大生）可湿性粉剂 100g 进行喷雾防治，均能起到较好效果。10 天后再喷 1 次，脱肥的早衰花生田加磷酸二氢钾 200g 混喷可提高防效。如果以花生网斑病为主，则以 80% 新万生（大生）可湿性粉剂亩用 100g 或 70% 代森锰锌可湿性粉剂 150g，喷雾防治，7 天后再喷一遍。④合理使用植物生长调节剂。花生高产田控旺是一项必要措施，但应据花生生长情况合理使用，一般可使用烯效唑、缩节胺分两次调节，一次在初花期，另一次在荚果盛期，注意不要用量过大过早，用量过大过早则易诱发花生叶斑，引起花生早衰，故在使用植物生长调节剂的同时，应配合使用多菌灵防治叶斑病。⑤防治花生锈病：花生锈病是一种暴发性流行病害。8 月上中旬发生、8 月下旬流行。8 月上中旬田间病叶率达 15% ~30% 时，及时用 95% 敌锈钠可湿性粉剂 600 倍防治或用 15% 三唑酮可湿性粉剂 800 倍防治。锈病流行年份，防叶斑病要避免使用多菌灵，以免加重锈病发生。⑥及时田间施药防鼠害，8 月中下旬是各种鼠为害盛期，应抓住为害期之前选用毒饵进行防除。⑦以上病虫混发时，则应混合用药，以减少用药次数，兼治各种病虫害。

（5）收获期：以综合预防为主，减轻来年病虫鼠草害发生。①防止收获期田间积水，造成荚果霉烂。②结合收获灭除花生蛴螬。③作种花生及时晾晒，防止霉变，预防花生茎腐病。④消除花生田间杂草及病残体，减轻叶斑病、茎腐病的土壤带菌和杂草种子。⑤利用作物空白期抢刨田鼠洞穴，破坏其洞道并人工捕鼠。减轻来年鼠害。

# 第十二章　绿色食品花生生产技术原则

绿色食品花生一般是指在无污染的生态条件下栽培出的花生，在管理过程中不施或少施化肥、化学农药和激素类化学物质，生产出的产品中农药及其他有害成分残留量不超过国家标准。简单地说，绿色食品花生应是优质、洁净、有毒有害物质在安全标准之下的花生。

## 一、绿色食品花生栽培品种的选用要求

### （一）品种的选择

根据当地生态条件和市场需求，选用适宜当地种植的高产、优质、抗病虫、抗逆性强、适应性广、商品性好的花生品种。高含油量花生含油量≥50%。

### （二）种子质量要求

种子质量要达到国家分级标准二级以上。即粒型均匀，粒色一致，纯度≥95%，净度≥98%，发芽率≥95%，含水量≤9%。

## 二、绿色食品花生栽培对生态环境条件的要求

良好的、无污染的生态环境条件是生产绿色食品花生必备的条件，绿色食品花生生产的生态环境条件必须符合绿色食品生产的环境质量标准。

**（一）基地选择**

基地应选择远离工业区，生态环境良好或不直接受工业“三废”及农业、城镇生活、医疗废弃物污染，远离公路、车站、码头等交通要道，无与土壤、水源有关的地方病的农业生产领域。产地环境（大气环境、农田灌溉、土壤环境）质量应符合绿色食品产地环境质量标准。

**（二）气候条件**

花生属喜温作物，生长期需要日平均气温在15℃以上。凡日平均气温≥15℃的积温在2 600℃以上的地区，花生才能成熟；日平均气温≥15℃的积温在3 500℃以上的地区，最适合花生栽培。

**（三）土壤条件**

要求土层深厚，耕层疏松，干时不散不板，湿时不黏，耕性良好，具有一定肥力的沙质土壤。一般耕层土壤pH值6.5左右，土壤容重1.2～1.5g/cm$^3$，总孔隙度为50%，田间最大持水量为21%～30%，有机质含量>0.8%。

**（四）合理轮作**

花生忌连作。前后茬作物的耕作管理也要按绿色生产标准执行。

## 三、绿色食品花生栽培对生产资料的要求

**（一）肥料**

允许使用一定量的化肥，化肥和有机肥配合使用。禁止使用硝态氮肥，严禁使用未腐熟的农家肥，禁止使用城市垃圾和污泥、医院的粪便垃圾和含有害物质（如毒气、病原微生物、重金属等）的行业垃圾。按照绿色农业肥料使用原则施肥。

### （二）农药

允许有限度地使用部分有机合成农药。严禁使用剧毒、高毒、高残留或具有三致毒性（致癌、致畸、致突变）的农药。按照绿色农业农药使用原则施药。

### （三）植物生长调节剂

植物生长调节剂主要有赤霉素类、细胞分裂素类、延缓生长和促进成花类物质等。允许有限度地使用对产量、品质有促进作用的植物生长调节剂，禁止使用对环境造成污染和对人体健康有危害的植物生长调节剂。按照绿色农业植物生长调节剂使用原则施用。

## 四、绿色食品花生栽培技术原则

### （一）整地作垄

深耕改土，土层深度达40cm左右，精细整地，均匀起垄种植。同时搞好田间排灌沟，避免和减轻旱涝对花生的影响。

### （二）施用基肥

采用有机肥料与无机肥料配施体系，以基肥为基础，基肥中以有机肥为主，适当配施化肥。基肥用量占总用量的70%以上。

### （三）播种

1. 种子处理

将选好的种子，于播种前遇晴晒种，晒8～16小时，以提高发芽率和减轻病虫害。根据实际情况，每亩种子可用0.2kg花生根瘤菌剂拌种，同时，可拌2.5～10g钼酸铵，花生种先用米汤浸湿，然后拌种。

2. 播种期

根据各地气候规律，适时播种，播种过早，常因低温影响，造成缺苗严重；播种过迟，又耽误花生生长和后茬生产季节。以土壤5~10cm温度稳定在15℃以上时播种比较适宜。一般播期4~5月。

3. 播种方式与播量

播种方式主要有条播、点播或撒播，多采用条播和点播。播量宜根据花生种子的大小、种植方式、种植密度及发芽率高低确定，一般丛生型小粒品种每亩需要种子10kg左右，普通型中粒品种每亩需要种子12.5kg左右，普通型大粒品种每亩需要种子15kg左右。播种密度一般为每亩2万株左右。

**（四）田间管理**

1. 查苗补种

幼苗出土后，要及时查苗补缺，确保全苗。

2. 中耕除草

建议采用人工除草，苗期中耕除草3~4次，一般在基本齐苗后进行第一次中耕，宜浅；此后8~10天进行第二次中耕，适当深锄，促进根系生长；第三次中耕在开花封垄前结束，宜浅，以免损伤已入土的子房柄。花针期进行培土。

3. 追肥灌溉

苗期一般每亩追施尿素5kg左右，花针期一般每亩追施尿素2.5~5kg，结果成熟期如果养分供应不足，防止早衰，进行叶面喷肥，可喷1%~2%的尿素溶液，2%的过磷酸钙澄清液等。花生各生育期都需要充足的水分，根据特点和当地气象、土壤水分等具体情况，进行必要的灌溉和排涝，要因地制宜实施节水灌溉。

**（五）防止病虫害**

1. 防治原则

坚持“预防为主、综合防治”的方针，优先采用农业防治、生物防治、物理防治，做到科学使用化学防治。

2. 农业防治

选用抗病品种和无病种子，合理布局，实行倒茬轮作，做到不重茬，不迎茬，深耕土地，清除田间病株。

3. 生物防治

保护和利用瓢虫等自然天敌，控制蚜虫等害虫为害。

4. 物理防治

根据害虫生物学特性，采取糖醋液，黑光灯或汞灯等方法诱杀蚜虫等害虫的成虫。

5. 药剂防治

（1）地下害虫：可在播种时顺播种沟每亩撒播白僵菌剂（BBR）15kg。

（2）根结线虫病：每亩用2.5kg农乐1号生物制剂拌种；用1.8%的爱福丁生物制剂150g，对水50kg于始花期叶面喷施。

（3）蓟马、蚜虫：当幼苗期每百穴花生有蚜虫500头以上时，每亩用EB－82灭蚜菌剂250ml对水50kg或用苦参碱15ml对水50kg喷洒，兼治红蜘蛛。

（4）棉铃虫：中后期如有棉铃虫、造桥虫、斜纹夜蛾等害虫发生，每亩用25%灭幼脲125ml或25%除虫脲（WPIWO）125ml对水50kg喷施。

（5）叶斑病：叶面喷施800倍50%多菌灵，或800倍75%百菌清。

（6）青枯病：可用1 000倍50%消菌灵药液拌种。

## 五、收获与贮藏要求

### （一）适时收获

当主茎还剩4～6片复叶时便可收获。

**（二）收获质量**

收获后及时采摘，抢晴翻晒，确保不霉捂，花生要晒到种子与果荚分开，即能“摇响”，才能入库。做到单收获、单拉运、单堆放、单采摘、单摊晒、单清选，确保绿色产品与普通产品不混杂。

**（三）贮藏条件**

花生含油分比较高，花生果及花生仁易生霉、变色、走油和变质。因此，必须在干燥、低温、密闭条件下保存。

**（四）贮藏管理**

贮藏仓库要先消毒，除虫、灭鼠，以品种分类，挂牌储藏，不允许与其他物品混存。

充分干燥是花生贮藏的关键，长期安全贮藏的花生水分必须在9%以下。

贮藏中堆温是另外一个重要的因素，以不超过20℃为宜。花生入库后，需要定期检查堆温、水分，如发现超过安全界限，需立即选择晴天而温度不过高的天气通风翻晒。

## 六、废弃物的循环利用

花生废弃物包括秸秆、茎叶及果壳，部分茎叶随着成熟收获还田，提高土壤肥力，改善土壤耕性。果壳如果是在花生加工厂，可集中粉碎，可还田或加工成生物肥料，还可加工成生物饲料。秸秆有以下用途。

**（一）秸秆直接覆盖还田**

主要通过覆盖免耕还田和机械粉碎还田，提高土壤肥力，改善土壤耕性。

**（二）过腹还田**

主要通过青贮，饲养牲畜排粪，过腹还田。

### （三）加工成易消化的饲料

通过秸秆饲料技术，加工成易消化的饲料。

### （四）秸秆直接燃供热技术

主要通过燃烧，直接供热，可为农村及乡镇居民提供生产、生活热水和用于冬季采暖。

### （五）沼气生产

通过沼气生产可产生清洁的能源，剩余物可作为优质有机肥使用。

# 附录　花生调查项目标准

1. 播种期　实际播种日期，以月、日表示。

2. 出苗期　从播种到50%的幼苗出土并展开第一片真叶为出苗期。

3. 苗期　从50%的种子出苗到50%的植株第一花开放为苗期。

4. 开花下针期　从50%的植株开始开花到50%的植株出现鸡头状的幼果为开花下针期。

5. 结荚期　从50%的植株出现鸡头状的幼果到50%的植株出现饱果为结荚期。

6. 饱果成熟期　从50%的植株出现饱果到荚果饱满成熟收获为饱果成熟期。

7. 株高　从第一对侧枝分生处到顶端展开叶叶节的长度，以厘米表示。

8. 单株分枝　单株所有分枝总和，不包括主茎和不足5cm长的枝条。

9. 单株有效分枝　全株所有结果枝数总和，包括结秕果的枝条。

10. 第一对侧枝长　由主茎第一侧枝连接处到第一对侧枝顶叶节长度，以厘米表示。

11. 饱果数　种仁充实饱满的荚果数。

12. 千克果数　随机取干荚果0.5kg计算果数，重复3次，求平均值，3次间差异不得大于5%。

13. 出仁率　随机取干荚果0.5kg，剥皮后称仁重量，重复

3 次，求平均值。计算公式为：

出仁率（%）=籽仁重÷荚果重×100。

14. 叶面积系数　采取打孔称重法测定。计算公式为：

叶面积系数=单株叶面积（平方米）×每亩株数÷667。

15. 总生物产量　每亩根、茎、叶营养体的干物重与果针、荚果生殖体的干物重总和。

16. 经济系数　单位面积的荚果产量与总生物产量的比值。计算公式为：

经济系数=荚果产量÷总生物产量。